百姓家常菜

文 懿 编著

团结出版社

图书在版编目（CIP）数据

百姓家常菜 / 文懿编著 . -- 北京 : 团结出版社 ,
2014.10（2021.1 重印）
ISBN 978-7-5126-2265-4

Ⅰ . ①百… Ⅱ . ①文… Ⅲ . ①家常菜肴 – 菜谱 Ⅳ .
① TS972.12

中国版本图书馆 CIP 数据核字 (2013) 第 302568 号

出　　版：团结出版社
（北京市东城区东皇城根南街 84 号　邮编：100006）
电　　话：（010）65228880　65244790（出版社）
（010）65238766　85113874 65133603（发行部）
（010）65133603（邮购）
网　　址：http://www.tjpress.com
E-mail：65244790@163.com（出版社）
fx65133603@163.com（发行部邮购）
经　　销：全国新华书店
排　　版：腾飞文化
图片提供：邴吉和　黄　勇
印　　刷：三河市天润建兴印务有限公司

开　　本：700 × 1000 毫米　1 /16
印　　张：11
印　　数：5000
字　　数：90 千字
版　　次：2014 年 10 月第 1 版
印　　次：2021 年 1 月第 6 次印刷

书　　号：978-7-5126-2265-4
定　　价：45.00 元

前言

俗话说："民以食为天"，道出了饮食对于人类的重要性。饮食与我们每个人息息相关。所谓"食"，主要包括以下四个层次的要求：一是维持生命的基本需要，二是追求视觉、嗅觉和味觉的享受，三是满足社交的需要，四是吃出身体健康。换句话说，人类对饮食的最基本要求是，通过饮食汲取身体所必需的营养素以维持生命，在满足了生命对营养素的基本要求以后，便开始在味道、口感和形体颜色上有所追求，尽量使食物做得色香味俱佳，以便从食物中享受到美味带来的乐趣。而饮食的最高层次则是通过饮食吃出健康的身体，从而达到长寿的目的。

中国人一向对饮食十分讲究，其中蕴含着中国人认识事物、理解事物的哲理。在我国，饮食已经成为一种文化，这种文化已经超越了饮食本身，提升到了一种情感沟通、人际交流、促进健康和享受生活的境界。其实早在几千年前，我们的祖先就已经认识到了科学饮食的重要性。那么，究竟该吃什么，怎么吃，才能吃得更好、吃得更健康呢？这是每一个现代人都需要深入了解的问题。

人们通过长期的实践逐渐认识到，没有任何一种天然食物能包含人体所需要的各类营养素，即便是乳类、蛋类这些公认的营养佳品，也难免存在这样或那样的营养缺陷。所以单靠某一种食物，无论数量多大，都是难以满足身体的营养需求的。也就是说，要想保证营养的全面、合理，就必须尽可能保证食物品种的多样化，使

各种营养元素数量充足、比例恰当，以达到平衡膳食、促进身体健康的目的。但是在日常生活中，人们在实际操作时却难免出现这样或那样的问题，比如，调料放得太多，破坏了菜肴的营养价值；食材放得不足，影响了菜肴的口感等。那么，该如何避免这些情况的发生呢？选购一本简单、实用、可操作性强、对健康有帮助的菜谱书是最简单、最有效的方法。

本书根据膳食平衡、营养合理的饮食要求，遵循食物营养合理搭配的原则，为读者朋友们精心选择了 200 多例在日常生活中可以自己烹饪的家常菜，简单易学，一看即懂。愿读者朋友们通过本书的介绍，真正吃出营养、吃出美味、吃出健康！

目录

蔬菜类

畜 肉类

禽蛋类

目录

菌 豆类

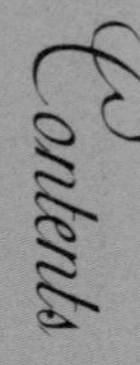

Contents

水产类

目录

Contents

目录

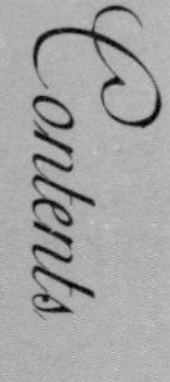

蔬菜类

南瓜杂菌盅

TIME 40分钟

菜品特点：南瓜面甜 鲜香无比

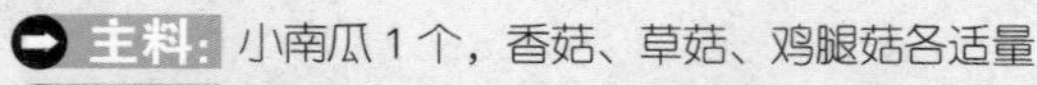

主料： 小南瓜1个，香菇、草菇、鸡腿菇各适量

配料： 青、红椒片各5克，姜末、盐、蘑菇精、胡椒粉、油各适量

操作步骤

①南瓜有把的一头切开，另一头略切平，放在盘中，挖掉中间的籽，放锅中用小火蒸至可用筷子扎透，取出摆在盘中备用；将各类菇洗净，一切二。

②起锅热油，爆香姜末，放入青、红椒片和所有的菇爆炒，用盐、蘑菇精和少许胡椒粉调味，再加一点点水炒出汁，倒入小南瓜盅中即可。

③吃的时候，可用小刀将小南瓜切开。

操作要领

菌菇的种类可以自己搭配。

营养贴士

多食南瓜可有效防治高血压，糖尿病及肝脏病变，提高人体免疫能力。

视觉享受：★★★★ 味觉享受：★★★★ 操作难度：★★★

茄子蒸豆角

主料： 茄子250克，豆角200克

配料： 米粉40克，腊肉25克，红椒1个，紫皮蒜1头，紫苏叶、辣椒面、盐、食用油、味精各适量

操作步骤

①豆角洗净、剥去老筋，掐成4厘米的条；茄子洗净斜切成厚0.5厘米的茄片；腊肉切成小丁；红椒切成圈；蒜剥皮、拍成碎末。

②将以上所有材料装入大碗中，放入适量盐、食用油、米粉、辣椒面、味精拌匀。

③锅中烧开水，铺上湿纱布，布底放上几片紫苏叶，匀铺上入味后的茄子、豆角等。

④蒙上纱布，盖上盖，旺火蒸10分钟后出锅，淋上一大勺烧得冒烟的熟食用油即可。

操作要领

腊肉应选用四分瘦六分肥的部位，那样蒸出的菜很香，且油亮好看。

营养贴士

此菜具有清热去火、抗衰老、软化血管、消食、防癌、活血、缓解疲劳的功效。

主料： 脆笋300克，猪肉150克

配料： 干辣椒5个，蒜末5克，食用油、食盐、香油、白砂糖、辣椒油各适量

操作步骤

①把脆笋泡水后，切丝备用；猪肉切片；干辣椒切碎备用。

②将脆笋放入开水锅中汆烫，并沥干水分。

③另起一锅，放入适量食用油烧热，放入蒜末、干辣椒末一起爆香，再放入肉片一起拌炒。

④放入脆笋，加入食盐、白砂糖调味，炒香入味后加入香油、辣椒油拌炒均匀即可。

操作要领

猪肉最好选取五花肉，能增加菜的香味。

营养贴士

笋具有清热化痰、益气和胃、治消渴、利水道、利膈爽胃等功效。

视觉享受：★★★★ 味觉享受：★★★★ 操作难度：★★★

香辣脆笋

老醋茄子

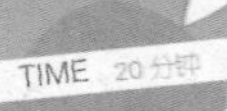

视觉享受：★★★★
味觉享受：★★★★
操作难度：★★★

主料： 长嫩茄子 300 克

配料： 花生油 50 克，蒜末、葱末、青椒末、香醋、白糖各适量

操作步骤

①将茄子洗净，切成条状。

②锅中放油烧热，将茄条放入锅中炸。

③炸熟后，沥油放凉，将蒜末、葱末、青椒末倒在茄条上。

④将白糖溶于香醋，浇在茄条上，入味后即可食用。

操作要领

用油炸茄条时，为了省油，可分次炸。

营养贴士

此菜具有抗衰老、软化血管、防癌等功效。

视觉享受：★★★ 味觉享受：★★★★ 操作难度：★★★

干煸土豆条

TIME 25分钟

菜品特点
鲜香微辣
制作简单

主料： 土豆600克

配料： 干辣椒5个，花生油300克，葱10克，姜5克，蒜4瓣，盐1克，花椒5克

操作步骤

①土豆去皮、洗净，切成粗长条；干辣椒、葱切段；姜、蒜切末。

②锅里放油，放入土豆条，用中火煸炒，炒至金黄，盛出。

③锅里放油，放入花椒、干辣椒煸炒，放入葱、姜、蒜煸炒出香味。

④放入土豆条翻炒，放入盐调味，翻炒半分钟出锅即可。

操作要领

干煸土豆条时，放少量油用中小火干煸至微黄色。干辣椒和花椒以小火炒香，炒至干辣椒稍微变色即可。

营养贴士

此菜具有和中养胃、健脾利湿、宽肠通便、利水消肿、减肥、美容护肤、促消化、抗菌、解热、祛痰的功效。

主料： 土豆100克，鲜肉50克

配料： 鸡精5克，胡椒粉、盐各3克，植物油适量

操作步骤

①将土豆洗净去皮切块；鲜肉切小丁。

②锅里放油，烧至五成热时倒入土豆块和鲜肉丁翻炒，放盐、胡椒粉和适量清水，煮10分钟左右至土豆变软。

③将变软的土豆捻成泥状，继续炖，至非常软烂时，加鸡精即可出锅。

操作要领

注意油不要放太多，炒到变色时就放清水。

营养贴士

此菜具有和中养胃、健脾利湿、宽肠通便、降糖降脂、美容养颜、利水消肿、减肥、明目、增强抵抗力的功效。

视觉享受：★★★ 味觉享受：★★★★ 操作难度：★★★

土豆泥

TIME 25分钟

辣白菜卷

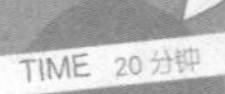

视觉享受：★★★
味觉享受：★★★★
操作难度：★★★

主料： 圆白菜 500 克

配料： 干辣椒 50 克，花椒 10 克，花生油 15 克，盐 5 克，味精 3 克，米醋、生抽、鸡精各适量

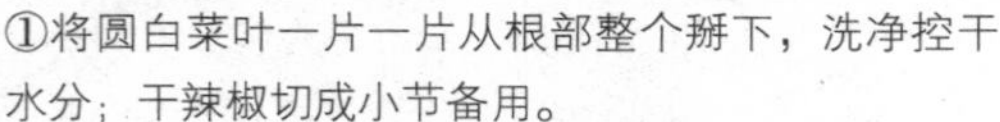

操作步骤

①将圆白菜叶一片一片从根部整个掰下，洗净控干水分；干辣椒切成小节备用。

②将花生油烧热，将干辣椒、花椒一同下锅，炸出香味后，把圆白菜下锅煸炒，将味精、盐放入稍炒。

③待菜叶稍软，倒在碟中，晾凉，加入盐、米醋和生抽，搅拌均匀，然后加入鸡精调味。

④用手将菜叶卷成卷，码放在盘中即可。

操作要领

美观起见，可以将些许青椒丝和红椒丝放在成品菜肴上做点缀。

营养贴士

圆白菜具有较高的营养价值，对于护肤、养颜、防止女性乳腺癌、润肠排毒等都有很大的功效。

主料： 包菜500克

配料： 洋葱100克，姜、蒜各20克，干辣椒15克，盐、鸡精、酱油、猪油各适量

操作步骤

①包菜用手撕成大小均匀的片后，洗净待用；洋葱、姜切片；干辣椒切段；蒜剁碎。

②锅烧热放入猪油，待猪油熔化后放入姜、蒜、干辣椒煸炒出香味后，放入包菜煸炒10分钟左右，最后加入盐、鸡精、酱油煸炒1分钟，关火。

③准备一个酒精锅，将切好的洋葱放在锅底，然后将炒好的包菜倒在洋葱上，最后点上火，边加热边吃即可。

操作要领

制作此菜品时，一定要用手将包菜撕成片，这样更美味。

营养贴士

包菜能提高人体免疫力，预防感冒。在抗癌蔬菜中，包菜排在第五位。

主料： 新鲜大蒜5000克

配料： 干红辣椒60克，八角5克，花椒10克，白酒90克，红糖75克，盐适量

操作步骤

①选新鲜大蒜，去外皮洗净后用盐500克、白酒50克拌匀，在盆中腌7天，捞出控去水分。

②将各种调料均匀放入泡菜坛中，装进大蒜，盖上坛盖。从盖边慢慢倒入盐水，以没过大蒜为准，泡1个月即可食用。

操作要领

盐水要以白开水晾凉后调制，存放时注意温度不宜过高，蒜入坛要控干水分，切忌沾油。

营养贴士

大蒜有抗菌消炎的作用，可保护肝脏，调节血糖，保护心血管等。

西芹土豆条

视觉享受：★★★★
味觉享受：★★★★
操作难度：★★★★

TIME 20分钟

主料： 土豆80克，西芹50克

配料： 干辣椒5个，植物油、盐、酱油、胡椒粉、鸡精、姜末、蒜末各适量

操作步骤

①土豆洗净，去皮，切成粗条；西芹洗净，用刀背拍拍，切成段；干辣椒切成条。

②锅内放植物油，烧热，倒入土豆条，中火煎至金黄色，盛出备用。

③锅内放少许植物油，用干辣椒、姜末、蒜末爆锅。放入西芹段翻炒，再放入煎好的土豆条一起翻炒。加胡椒粉、酱油、盐，翻炒均匀，加鸡精调味后即可。

操作要领 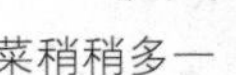

煎土豆时，不要放太多油，只比平时炒菜稍稍多一点便可。

营养贴士

西芹富含蛋白质、碳水化合物、矿物质及多种维生素等营养物质，具有降血压、镇静、健胃、利尿等功效。

视觉享受：★★★★ 味觉享受：★★★★ 操作难度：★★★★

红花娃娃菜

TIME 20分钟

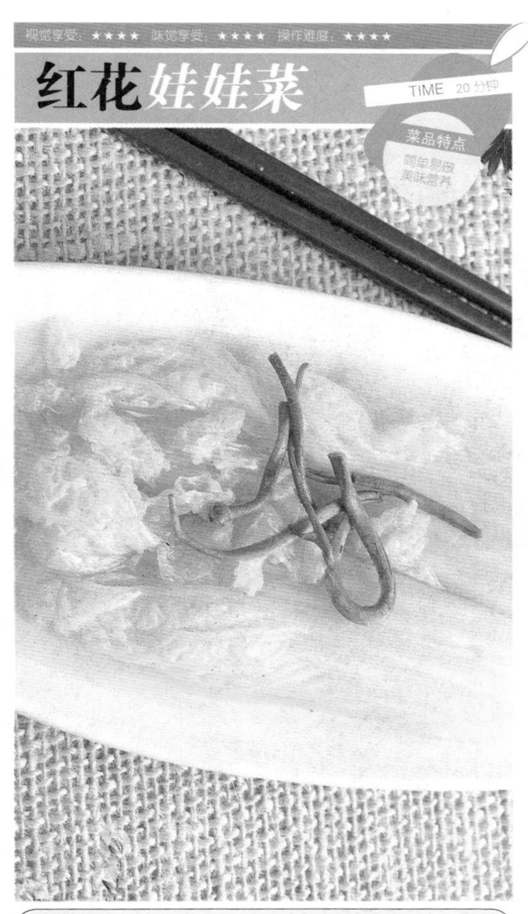

主料： 娃娃菜1棵，藏红花适量

配料： 鸡汤、盐、熟鸡油各适量

操作步骤

①娃娃菜整叶掰下，洗净，沥干水分，装入深盘中。

②将鸡汤加盐搅匀，倒入装有娃娃菜的盘中，撒上藏红花，封上保鲜膜，入蒸笼蒸制15分钟取出，揭去保鲜膜，淋上熟鸡油即可。

操作要领

藏红花也可用藏红花水代替。

营养贴士

娃娃菜含有丰富的纤维素及微量元素，有助于预防结肠癌。

主料： 雪梨1个，山药1根

配料： 冰糖、朱古力糖针各适量

操作步骤

①将雪梨、山药分别去皮并切成块。

②适量清水中加入雪梨、冰糖，中小火煲约15分钟，雪梨渐渐变得清透时，加入山药块，煲至山药绵软，关火加盖焖几分钟，撒上朱古力糖针即可出锅。

操作要领

需要川贝的可将其捣碎一同加入。

营养贴士

此菜有美容、降糖、利尿、养肾、解暑、润肺化痰的功效。

视觉享受：★★★★ 味觉享受：★★★★ 操作难度：★★★

雪梨炖山药

TIME 30分钟

主料： 豆角150克，茄子200克

配料： 红椒50克，干辣椒、姜、蒜、盐、胡椒粉、白糖、植物油、鸡精各适量

操作步骤

①将豆角择成寸段洗净；茄子洗净切成和豆角差不多的长条；红椒洗净去蒂切条；干辣椒、姜和蒜切碎备用。

②锅内放油烧热，倒入茄子，加少许盐，炒至茄子变软后盛出。

③锅中加油，油热后放入干辣椒、姜和蒜炒香，放入豆角翻炒，待豆角变色后加盐和白糖，继续炒至七成熟。

④倒入茄子、红椒条，加入胡椒粉，翻炒至熟，加入鸡精，即可盛出。

操作要领

茄子和豆角要分开炒，如果炒的过程中太干可分次加水，不能一次加入过多的水。

营养贴士

此菜具有利水消肿、增进食欲、强壮骨骼、缓解缺铁性贫血、养胃下气、抗衰老、防癌、降低胆固醇、保护心血管等功效。

主料： 冬瓜250克

配料： 姜片、盐、鸡粉、植物油、干贝汁、蚝油各适量

操作步骤

①冬瓜去皮，洗净后切块。

②锅内放少量植物油，烧热后加入姜片爆香，再加入冬瓜翻炒。

③加入适量盐、鸡粉、干贝汁、蚝油，搅拌均匀，盖上锅盖焖至汁浓即可。

操作要领

冬瓜去皮后，食用时口感更好。

营养贴士

此菜具有减肥、降血脂、软化血管、润肺、降胆固醇、降血糖的功效。

主料： 西芹、夏威夷果各适量

配料： 胡萝卜、植物油、盐、鸡精、水淀粉各适量

操作步骤

①西芹洗净，切成小段；胡萝卜切成片。

②炒锅放油烧至七成热，投入夏威夷果，略炒，起锅待用。

③倒入胡萝卜片、西芹段翻炒，九成熟后，再倒入夏威夷果一起炒，加入盐、鸡精调味，用水淀粉勾薄芡即可出锅装盘。

操作要领

为使菜肴更赏心悦目，可将胡萝卜切成小蝴蝶花。

营养贴士

夏威夷果含油量高达60% ~ 80%，还含有丰富的钙、磷、铁、维生素和氨基酸，有“干果皇后”之称。

豆豉鲮鱼油麦菜

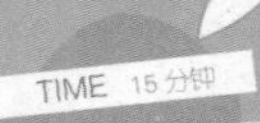

主料： 油麦菜400克，罐装豆豉鲮鱼50克

配料： 大葱1根，生姜1块，大蒜3瓣，红尖椒1个，植物油30克，香油5克，高汤15克，料酒10克，精盐8克，白糖、味精各3克

操作步骤

①把油麦菜洗净，切成3厘米左右长的段，用开水焯熟，装盘。

②大葱、大蒜、生姜切末；红尖椒洗净切成圈。

③锅中放植物油，烧热，加入葱末、蒜末、姜末炒香，加入高汤及其他调味料（除香油）。

④放入豆豉鲮鱼，熟后盛出，放在油麦菜上，淋入香油，点缀上红尖椒圈即可。

操作要领

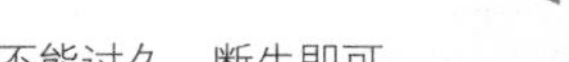

油麦菜焯水的时间不能过久，断生即可。

营养贴士

此菜具有减肥、促进血液循环、有助于睡眠的功效。

视觉享受：★★★★ 味觉享受：★★★★ 操作难度：★★★★

上海烧茄子

主料： 长茄子600克，五花肉100克

配料： 红椒1个，蒜5瓣，酱油、酒各30克，糖5克，植物油、盐、葱花各适量

操作步骤

①茄子洗净，竖切成4条，再横切成段；五花肉切成小丁；红椒、蒜切碎。

②锅中放植物油，烧热，将茄子放入锅中炸一下捞起。

③锅中留底油，放入红椒末和蒜末爆香，再放入肉丁炒至变色。

④放入炸好的茄子，加酱油、糖、酒和少许盐调味后盛盘，撒上葱花，即可食用。

操作要领

炸茄子时，时间不能太长，只需炸一下即可。

营养贴士

此菜具有抗衰老、降低胆固醇、保护心血管、抗癌、降脂降压、防止血栓的发生、健胃消食的功效。

主料： 菠菜200克，虾皮100克

配料： 酱油、香油各10克，醋、芝麻酱各5克，盐、味精各2克，蒜泥适量

操作步骤

①菠菜洗净，用开水焯一下，沥干水分，切成段，装盘。

②虾皮洗净，放在菠菜段上，再浇上蒜泥和各种调料，拌匀即成。

操作要领

菠菜焯水能去掉苦涩味。

营养贴士

此菜有美容、抗衰老、润肠、安神、补血、强身健体的功效。

视觉享受：★★★★ 味觉享受：★★★★ 操作难度：★★

虾皮拌菠菜

清炒苋菜

视觉享受：★★★
味觉享受：★★★★
操作难度：★★★

TIME 8分钟

菜品特点
鲜美可口
十分香嫩

主料： 苋菜500克
配料： 植物油、盐、鸡精、糖各适量

操作步骤

①苋菜择去老梗，洗净备用。

②炒锅置火上，加植物油烧至八成热，下苋菜翻炒，加入盐、鸡精、糖调味，以中小火再烧7~8分钟，使苋菜汤汁完全渗出，梗茎软而不烂即成。

操作要领

清洗苋菜时，要轻揉数下。

营养贴士

苋菜具有清热利湿、凉血止血等功效。

视觉享受：★★★ 味觉享受：★★★★ 操作难度：★★★★

铁板花椰菜

TIME 30分钟

菜品特点：味道鲜美 营养丰富

主料： 花菜400克，五花肉150克

配料： 芹菜30克，红尖椒3个，生抽、辣椒酱各15克，植物油、盐、白糖各适量

操作步骤

①将花菜朵朝下，没入淡盐水中浸泡20分钟后，将花菜洗净，掰成小朵，放入开水锅中焯水1分钟左右，捞出立即用冷水冲淋至凉，沥干水分备用。

②五花肉切成薄片；芹菜切段；红尖椒切圈。

③锅中放油，烧热，放入五花肉片，用中火煸炒至表面完全变色，继续煸炒至将肥肉中的油分逼出一部分。

④加入辣椒酱炒香，倒入尖椒圈、芹菜段和花菜，翻炒几下，加入生抽和一些白糖，转大火翻炒1分钟左右，关火，盖上锅盖焖1分钟左右即可。

操作要领

煸炒五花肉火不要开太大，否则很容易焦。

营养贴士

此菜具有软化血管、补血、防癌、养肝的功效。

主料： 小芋头500克

配料： 白糖200克，熟猪油或清油750克，淀粉适量

操作步骤

①将小芋头洗净去皮，入开水锅中焯烫一下，捞出沥干，裹上淀粉。

②锅中倒入油750克，烧至六成热时，放入小芋头，待表面呈金黄色后捞出控油。

③锅中留油15克，将200克白糖放入锅中，不停地搅动，使糖均匀受热熔化。

④当糖液起针尖大小的泡时，立即将炸好的芋头倒入，颠翻均匀后，即可盛盘。

操作要领

白糖放入锅中后，用小火加热。

营养贴士

此菜具有增强免疫力、洁齿防龋、补中益气、解毒防癌、美容乌发的功效。

视觉享受：★★★★ 味觉享受：★★★★ 操作难度：★★★

拔丝芋头

TIME 20分钟

菜品特点：色泽鲜艳 香甜爽口

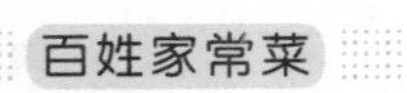

松仁玉米

主料： 玉米粒150克，松仁10克

配料： 青、红椒各1个，盐3克，白砂糖5克，牛奶50克，植物油15克

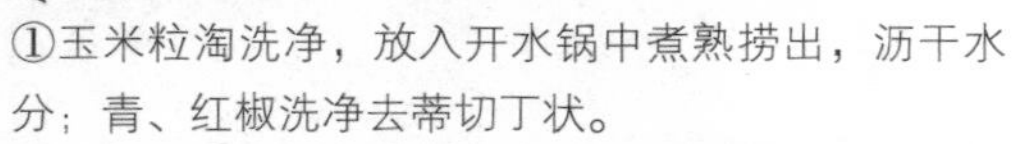

操作步骤

①玉米粒淘洗净，放入开水锅中煮熟捞出，沥干水分；青、红椒洗净去蒂切丁状。

②取一平底锅，直接放入松仁，用小火焙香，待松仁变微黄色，表面泛油光时，盛出自然冷却。

③锅中放油，烧至七成热时，放入玉米粒、青椒丁、红椒丁翻炒一会儿，倒入牛奶，放入盐和白砂糖翻炒均匀。

④盖上锅盖焖煮3分钟左右，然后大火收汤，撒入松仁炒匀即可出锅。

操作要领

松仁不能直接放到油锅中加热炒制，否则很容易变煳。

营养贴士

此菜具有抗衰老、健脾通便、健脑补脑、预防动脉粥样硬化、滋阴润肺的功效。

视觉享受：★★★ 味觉享受：★★★★ 操作难度：★★★

雪菜笋丝

主料： 雪菜、鲜竹笋各适量，猪肉150克

配料： 熟花生米、食用油、糖、鸡精、淀粉、料酒、花椒面、葱花、姜末各适量

操作步骤

①竹笋剥壳去老头，用水煮10分钟，去除辛辣及涩味，切丝；猪肉切丝，加淀粉、料酒、花椒面抓匀；雪菜洗净，切碎。

②起油锅爆香葱花、姜末，滑熟肉丝，盛起备用。

③油锅内下雪菜翻炒片刻，倒入笋丝翻炒后加水，焖3分钟，加入肉丝、糖、鸡精和熟花生米，炒匀即可。

操作要领

此菜应适当多加点糖，稍带甜口，味道更佳。

营养贴士

此菜富含维生素C、多种氨基酸及植物纤维等营养成分，可调节胃口，增强食欲。

主料： 山药200克

配料： 胡萝卜、青椒各50克，鲜香菇1朵，食盐5克，鸡精3克，白醋、橄榄油各15克，白糖20克

操作步骤

①山药去皮，洗净切成丝；胡萝卜、青椒、鲜香菇分别洗净，切成丝。

②将山药、胡萝卜、青椒、鲜香菇分别放入沸水锅中焯一下，过凉水，沥干水分。

③将所有食材放入碗中，加入食盐、鸡精、白醋、白糖、橄榄油拌匀即可。

操作要领

制作凉菜时，食材焯过水后，最好过一遍凉水，这样吃起来更清脆、清爽。

营养贴士

山药中含有黏液蛋白，具有降低血糖的作用，非常适合糖尿病人食用。

视觉享受：★★★★ 味觉享受：★★★★ 操作难度：★★★

拌山药丝

蚝油生菜

TIME 5分钟

视觉享受：★★★★
味觉享受：★★★★
操作难度：★★★

主料： 生菜 100 克

配料： 蚝油、淀粉、盐、生抽各适量

操作步骤

①生菜洗净，掰成小块，下锅焯一下，装入盘中。

②将适量蚝油、生抽、淀粉、盐加水调匀。

③将调好的汁液倒入锅中，小火煮至黏稠，最后浇在生菜上即可。

操作要领

生菜焯软即可，不宜焯太久。

营养贴士

此菜具有降血脂、降血压、降血糖、促进智力发育及抗衰老等功效。

菠菜花生米

主料： 菠菜150克，花生米50克

配料： 蒜末5克，盐2克，陈醋15克，白糖、味精各1克，植物油适量

操作步骤

①菠菜择洗干净，放入开水锅中焯烫一下，再用凉水投凉，捞出沥干水分备用。

②凉油下花生米，小火慢炸，炸至表面变色时捞出，控油。

③将菠菜放到一个大点的容器里，倒入用蒜末、陈醋、白糖、盐、味精调好的料汁，拌匀，加入炸好的花生米即可。

操作要领

喜欢吃辣的可在上边淋上辣椒油和麻油。

营养贴士

此菜有通肠导便、防治痔疮、延缓衰老的功效，适于便秘及营养不良者食用。

主料： 南瓜300克，鲜百合100克

配料： 枸杞子1个，白糖15克

操作步骤

①南瓜挖瓤、去皮，洗净，切片，摆在盘中。

②鲜百合剥好洗净后和枸杞子一并放在南瓜上，撒上白糖，放入蒸笼蒸熟即可。

操作要领

摆盘时尽量保持南瓜的形状，不要弄散。

营养贴士

此菜具有美容肌肤、防癌治癌、保护胃黏膜、降血糖、降血压、预防中风的功效。

百合蒸南瓜

核桃仁拌豌豆苗

TIME 10分钟

主料： 核桃仁、豌豆苗各适量

配料： 橄榄油、盐、鸡粉各适量

操作步骤

①将核桃仁泡在温开水里去表皮（水表面会有一层酱黑色悬浮物），入锅煮5分钟去涩味；豌豆苗去根部，洗净焯熟备用。

②将核桃仁和豌豆苗放入容器中，加橄榄油、盐、鸡粉充分拌匀即可。

操作要领

核桃仁不去皮也可以，但吃起来口感有点涩。

营养贴士

此菜具有养心、抗衰老、护发、消炎、美容护肤、益脑的功效。

视觉享受：★★★ 味觉享受：★★★★ 操作难度：★★★

肉丸娃娃菜

TIME 30分钟

菜品特点：味道鲜美 制作简单

主料： 肉丸200克，娃娃菜250克

配料： 香油、盐、生抽、鸡精、葱花各适量

操作步骤

①将娃娃菜洗净切开。

②锅中加水，放入肉丸煮熟。

③放入娃娃菜，待娃娃菜变软后，依次放入适量盐、生抽，再加适量的鸡精调味。

④最后加一点点香油，撒上葱花即可。

操作要领

肉丸一定要煮熟后再放入娃娃菜。

营养贴士

娃娃菜具有养胃生津、除烦解渴、利尿通便、清热解毒的功效。

主料： 魔芋200克，火腿50克

配料： 青椒1个，蒜末、盐、鸡精、植物油、料酒、酸汤各适量

操作步骤

①魔芋、火腿、青椒均切成丝。

②锅中倒入酸汤，放入魔芋丝煮开，捞出沥干。

③锅中放油，烧热，放魔芋丝翻炒片刻，加入蒜末炒香；放入火腿丝和青椒丝，加料酒炒匀，最后加鸡精和盐，继续翻炒至熟即可。

操作要领

如果没有酸汤，也可以用水煮。

营养贴士

此菜具有养心、降糖、防癌、强身健体、减肥瘦身、养血、护肝的功效。

视觉享受：★★★ 味觉享受：★★★★ 操作难度：★★★

清炒魔芋丝

TIME 25分钟

菜品特点：味道微辣 营养丰富

腊味蒸娃娃菜

TIME 20分钟

视觉享受：★★★★
味觉享受：★★★★
操作难度：★★★★

主料： 娃娃菜2棵，腊肉150克

配料： 盐、葱花各适量

操作步骤

①腊肉洗净入沸水中煮2分钟，涝起沥干切成薄片。

②娃娃菜洗净，对半切开，翻过来，沿菜长切条，再转向切段；切好后铺在蒸盘上，撒少许盐。

③铺好后，将腊肉片摊在最上面，上笼蒸15分钟，撒上葱花即可。

操作要领

喜欢吃蒜的，可以在上面撒些蒜末，这样蒸出来会比较香。

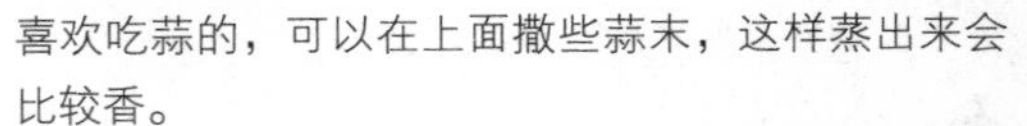

营养贴士

此菜具有开胃祛寒、消食、补肾壮阳、通乳等功效。

视觉享受：★★★★ 味觉享受：★★★★ 操作难度：★★★

脆皮玉米

TIME 20分钟

菜品特点：色泽艳丽 香脆可口

主料： 玉米粒200克

配料： 鸡蛋1个，调和油、玉米淀粉、朱古力糖针各适量

操作步骤

①玉米粒洗净控干水，撒上一层玉米淀粉，让淀粉裹匀每颗玉米粒。

②加进一些鸡蛋液拌匀，使每个玉米粒都沾上鸡蛋液，然后在上面再撒上一层玉米淀粉，拌匀。

③锅内多倒些油，油温在五成热时，下玉米粒炸至外酥内熟时捞起，撒上少许朱古力糖针装盘即可。

操作要领

吃的时候上面可以撒些白糖代替朱古力糖针。

营养贴士

此菜具有杀菌、促进皮肤新陈代谢、护肤、防癌、降脂等功效。

主料： 青菜400克，虾米适量

配料： 姜末、蒜末、红椒末、盐、鸡精、油各适量

操作步骤

①锅里油热，放入姜末、蒜末、红椒末，煸出香味后放入洗净的虾米。

②煸炒出香味后放入切碎的青菜煸炒，待青菜发蔫，放盐、鸡精，炒匀即可。

操作要领

盐要最后放。

营养贴士

虾的营养丰富，所含蛋白质是鱼、蛋、奶的几倍到几十倍。

视觉享受：★★★ 味觉享受：★★★★ 操作难度：★★★

虾米青菜

TIME 10分钟

菜品特点：荤素搭配 营养均衡

韭菜炒豆芽

TIME 15分钟

视觉享受：★★★★
味觉享受：★★★★
操作难度：★★★

菜品特点
味道鲜美
口感筋道

主料： 绿豆芽420克，韭菜100克

配料： 干辣椒、盐、香醋、植物油、鸡精、胡椒粉各适量

操作步骤

①韭菜洗净切段；绿豆芽洗净备用；干辣椒切成丝。

②锅内放油，油热后放入干辣椒炝锅，然后倒入绿豆芽翻炒几下。

③滴几滴香醋，炒匀，加入韭菜，加盐、鸡精、胡椒粉调味，翻炒均匀即可。

操作要领

烹调豆芽时加几滴醋，既能去除涩味，又能保持豆芽爽脆鲜嫩。

营养贴士

此菜有降糖、降血脂、养心养肝、益气固脱、去火消炎、强健身体的功效。

视觉享受：★★★★ 味觉享受：★★★★ 操作难度：★★★

紫薯栗子烧南瓜

TIME 30分钟

菜品特点：色泽金黄 香味浓郁

主料： 板栗、南瓜、紫薯各适量

配料： 盐、油、蒜末各适量

操作步骤

①板栗去皮，南瓜去瓤，紫薯去皮，分别切成小块。

②锅中注水，将南瓜块和紫薯块一起放入水中，加入适量盐，开火煮至五成熟，捞出。

③炒锅上火，倒入适量油，放入蒜末，炒出蒜香后，放入南瓜、紫薯下锅煎一煎，放入板栗。

④注入适量水，大火烧开转小火，盖锅盖焖 8 分钟即可。

操作要领

南瓜带皮一起煮，可以避免煮散。

营养贴士

紫薯富含蛋白质、淀粉、果胶、纤维素、氨基酸、维生素及多种矿物质，同时还富含硒元素和花青素。

主料： 茄子适量

配料： 五花肉 50 克，红尖椒 1 个，葱花、蒜末、盐、料酒、老抽、甜面酱、白砂糖、植物油、香菜末各适量

操作步骤

①五花肉切薄片；红尖椒洗净去蒂切成条；茄子洗净切条，下油锅煎至两面金黄后取出沥油。

②另起锅，放少量油，烧至六成热，放入适量甜面酱，炒香后放入葱花、蒜末，放入五花肉翻炒，炒至变色后放入煎好的茄子，加入适量料酒、老抽、白砂糖。

③待茄子炒软后，放入红尖椒，加盐，炒至红尖椒变熟，撒上香菜末即可。

操作要领

炒甜面酱的时候，油温不要太高，放入甜面酱后要不停翻炒，以防甜面酱炒煳。

营养贴士

此菜有清热去火、抗衰老、软化血管、消食、活血、缓解疲劳的功效。

视觉享受：★★★★ 味觉享受：★★★★ 操作难度：★★★

酱烧茄子

TIME 30分钟

菜品特点：咸鲜微甜 酱香浓郁

香焖茄子

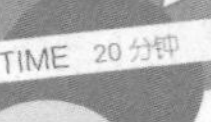

视觉享受：★★★★
味觉享受：★★★★
操作难度：★★★

主料： 长条茄子2根

配料： 青椒、番茄、洋葱各1个，蒜瓣、盐、味精、料酒、酱油、胡椒粉、白糖、食用油各适量

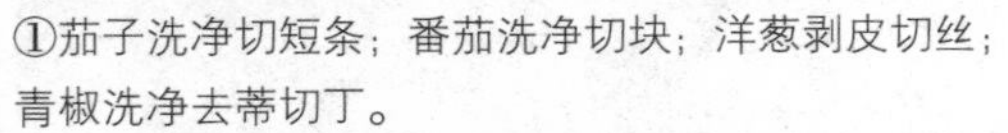

①茄子洗净切短条；番茄洗净切块；洋葱剥皮切丝；青椒洗净去蒂切丁。

②锅内倒入适量食用油，烧热后放入茄子，炸至金黄色捞出沥油。

③锅内留少许油，烧热后放入蒜瓣爆香，再放入洋葱丝、青椒丁、番茄块及炸好的茄子翻炒，依次放入盐、味精、胡椒粉、酱油、料酒，再加入少许白糖，放入半碗清水，将茄子烧熟即可。

操作要领

蒜瓣爆香呈金黄色，口感最佳。

营养贴士

茄子味甘、性凉，入脾、胃、大肠经，具有清热止血、消肿止痛的功效。

视觉享受：★★★★ 味觉享受：★★★★ 操作难度：★★★

杏仁炒西芹

TIME 10分钟

菜品特点：脆爽香醇 营养健康

主料： 西芹100克，杏仁50克

配料： 盐2克，植物油、姜、蒜各适量

操作步骤

①西芹洗净，用刀斜切成段，放开水锅中焯水后马上放凉水中备用。

②姜切丝；蒜切片。

③锅中放油烧热，放入蒜片和姜丝爆香，放入西芹翻炒1分钟。

④放入杏仁翻炒均匀后，放盐炒匀即可。

操作要领

西芹焯水后要立即过凉水。

营养贴士

此菜具有防癌抗癌、利尿消肿、平肝降压、镇静安神、养血补虚、减肥、润肺、降低胆固醇、促进皮肤血液循环、抗肿瘤的功效。

主料： 南瓜、糯米饭各适量

配料： 白糖、糖桂花各适量

操作步骤

①南瓜去皮切小块，放入碗中。

②上面放适量糯米饭，撒白糖，放点糖桂花，蒸10~15分钟即可。

操作要领

此菜也可以采用隔水微波的做法。

营养贴士

此菜有保护胃黏膜、帮助消化、促进生长发育的功效。

视觉享受：★★★★ 味觉享受：★★★★★ 操作难度：★★★

桂花蒸南瓜

TIME 20分钟

菜品特点：外形美观 软糯可口

椒味荷兰豆

视觉享受：★★★★
味觉享受：★★★★★
操作难度：★★★

TIME 10分钟

主料：荷兰豆 250 克

配料：红椒 1 个，木耳 1 朵，橄榄油 10 克，姜末 5 克，盐 5 克

操作步骤

①荷兰豆择洗干净，切去两头；红椒洗净去蒂，切碎；木耳泡发，撕片。

②锅置火上，放入橄榄油烧热，下入姜末、红椒碎炒香，然后加入荷兰豆、木耳片，翻炒 2 分钟，加入盐、少许水，炒匀即可。

操作要领

红椒也可以切成丝，做法相同。

营养贴士

荷兰豆是营养价值较高的豆类蔬菜之一，其嫩梢、嫩荚、籽粒均质嫩清香，极为人们所喜食。

视觉享受：★★★★ 味觉享受：★★★★★ 操作难度：★★★

粉蒸藕片

TIME 40分钟

菜品特点：风格独特 口感俱佳

主料： 藕、糯米粉各适量

配料： 盐、白醋、白胡椒粉、芝麻油各适量

操作步骤

①藕削皮切成厚度一致的薄片，浸泡在加有少许白醋的清水中。

②藕片沥干水分，加入盐、白胡椒粉、糯米粉拌匀，使藕均匀沾上调料；将藕平铺在盘上，上蒸锅蒸30分钟即可。

③吃时，拌上芝麻油，可增加口感的润滑。

操作要领

藕片用水浸泡一下，既可将藕孔中的泥沙清洗干净，又可防变色。

营养贴士

比菜有养胃、消食、防治贫血、养血的功效。

主料： 紫皮长茄子1根，剁椒适量

配料： 粉丝、干香菇、蒜茸、食盐、植物油、料酒、蚝油、香油各适量

操作步骤

①茄子切长条，锅内放少许植物油先煎一下；粉丝用开水泡软，沥干水分，铺在盘底；干香菇提前泡发好，切小丁。

②将煎好的茄子排在粉丝上面，茄子上放香菇丁，再放上剁椒和蒜茸。

③浇上各种调味料入蒸锅，大火蒸5分钟即可。

操作要领

吃的时候可以再淋上一点香醋，酸辣相间，更加过瘾。

营养贴士

此菜具有抗衰老、软化血管、安神、补钙的功效。

视觉享受：★★★★ 味觉享受：★★★★★ 操作难度：★★★

剁椒粉丝蒸茄子

TIME 20分钟

菜品特点：营养丰富 鲜咸微辣

酸辣土豆丝

视觉享受：★★★
味觉享受：★★★★
操作难度：★★★

主料： 土豆适量

配料： 青、红椒各1个，植物油、盐、醋、葱、姜、蒜、花椒、干辣椒各适量

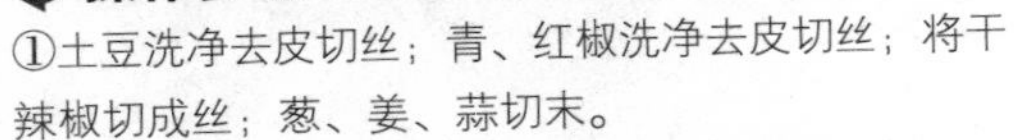

操作步骤

①土豆洗净去皮切丝；青、红椒洗净去皮切丝；将干辣椒切成丝；葱、姜、蒜切末。

②锅内放油，放入花椒、干辣椒，煸炒出香味后捞出。

③放入葱、姜、蒜末，煸炒出香味后放入土豆丝煸炒，倒入醋烹出香味。

④放入盐调味，放入青、红椒丝炒匀即可。

操作要领

土豆丝切好后泡在清水里，泡去淀粉，这样炒出的土豆丝清爽不黏。

营养贴士

土豆含有微量元素、氨基酸、蛋白质、脂肪和优质淀粉等营养元素，是抗衰老的食物。

视觉享受：★★★★ 味觉享受：★★★★★ 操作难度：★★★

脆皮炸洋葱圈

TIME 30分钟

菜品特点：葱香浓郁 又脆又香

主料： 洋葱1个

配料： 鸡蛋1个，植物油、面包糠、盐、淀粉、白胡椒粉各适量

操作步骤

①洋葱去老皮，洗净，对半切开，用手取下一个又一个洋葱圈，放在盘中，加入少许盐和白胡椒粉拌匀。

②取一个洋葱圈沾上淀粉，抖掉多余的淀粉，放入鸡蛋液中沾湿，再在面包糠的盘中裹满面包糠。

③小奶锅倒入植物油，约六成热时放入裹满面包糠的洋葱圈，炸至金黄即可。

操作要领

建议用小一点儿的锅，这样倒油的时候油会比较深，省油，方便炸制。

营养贴士

洋葱营养成分丰富，含蛋白质、糖、粗纤维及钙、磷、铁、硒、胡萝卜素等多种营养成分。

主料： 芦笋、里脊肉各适量

配料： 葱花、姜末、色拉油、盐、老抽、干淀粉各适量

操作步骤

①里脊肉切丝，用老抽和干淀粉抓匀，腌上10分钟；芦笋洗净切段，在开水锅中焯一下。

②换一只锅，热后倒入少量的色拉油，放入葱花、姜末煸炒，香味出来后放入腌过的肉丝。

③肉丝变色后放入芦笋快速翻炒，最后加少许盐即可。

操作要领

焯芦笋的时候滴几滴食用油，可以使菜色更好看。

营养贴士

此菜具有补血、防癌、健脑、利尿、促发育的功效。

视觉享受：★★★★ 味觉享受：★★★★ 操作难度：★★★

扒鲜芦笋

TIME 25分钟

菜品特点：鲜嫩可口 营养丰富

香辣烧茄子

TIME 20分钟

视觉享受：★★★★
味觉享受：★★★★
操作难度：★★★

菜品特点
香辣咸鲜
家常美味

主料： 茄子500克
配料： 红尖椒、干淀粉、油、盐各适量

操作步骤

①将茄子洗净，去皮，切条或滚刀块，表面沾水，撒上干淀粉，使淀粉均匀地挂在茄子上；红尖椒切圈。

②起锅倒油，烧到七成热时放入茄子，炸至金黄色，捞出控油。

③热油锅内爆香红尖椒圈，放入炸好的茄子，放少许盐炒匀即可。

操作要领

切好的茄子块一定要撒上水，再把干淀粉撒在茄子上。

营养贴士

此菜能够增强抵抗力，适合秋季养生。

畜肉类

夫妻肺片

TIME 60分钟

主料： 牛肉、牛舌、牛头皮各100克，牛心150克，牛肚200克

配料： 香料（八角、沙姜、小茴香、草果、桂皮、丁香、生姜等）、盐、红油辣椒、花椒面、芝麻、熟花生米、味精、芹菜各适量

操作步骤

①将牛肉切成块，与牛杂（牛舌、牛心、牛头皮、牛肚）一起漂洗干净，用香料、盐、花椒面等各种调料卤制，先用猛火烧开后转用小火，卤制到肉料粑而不烂，然后捞起晾凉，切成大薄片，备用。

②将芹菜洗净，切成半厘米长的段；芝麻炒熟和熟花生米一起压成末备用。

③盘中放入切好的牛肉、牛杂，再加入卤牛肉和牛杂的汁、味精、花椒面、红油辣椒、芝麻花生米末和芹菜，拌匀即成。

操作要领

一定要用小火煮熟牛肉、牛杂。

营养贴士

此菜具有温补脾胃、补血温经、补肝明目、促进人体生长发育的功效。

视觉享受：★★★★ 味觉享受：★★★★ 操作难度：★★★

丰收排骨

TIME 100分钟

主料： 排骨200克，玉米250克

配料： 植物油、料酒、姜片、生抽、老抽、蚝油、盐、冰糖、胡椒粉各适量

操作步骤

①排骨斩小块洗净，在清水中浸泡20分钟后捞出沥干，用料酒、姜片、生抽、老抽、蚝油腌30分钟左右；玉米洗净，斩成与排骨大小相当的块备用。

②热锅加植物油，油热后，放入腌好的排骨煎至边缘略有些金黄；加入姜片煸香，倒入玉米块略炒，加入足够清水（没过全部食材），用盐、冰糖调味，盖上锅盖，大火烧开，转中小火焖40分钟。

③加入胡椒粉提味，大火将汤汁收到浓稠即可。

操作要领

洗净的排骨用清水浸泡，能去血水也能去腥味。如果不想泡太长时间，可以把排骨先焯一下水。

营养贴士

玉米可降低血液中胆固醇的浓度，并防止其沉积于血管壁。

主料： 牛里脊肉250克

配料： 洋葱50克，青、红椒各1个，黑胡椒粉5克，蚝油15克，水淀粉10克，料酒、盐、白糖、鸡精、植物油、芝麻各适量

操作步骤

①牛里脊肉洗净，切厚片，用刀背拍松，制成牛柳。

②牛柳中放入料酒、植物油及水淀粉，拌匀后腌渍15分钟；洋葱剥净，青、红椒洗净去蒂及籽，均切成大小相仿的丝。

③锅中放植物油，烧热，倒入牛柳，炒至七成熟时，加入黑胡椒粉、蚝油及白糖、盐、鸡精、芝麻炒匀。

④放入洋葱丝和青、红椒丝翻炒至牛肉熟即可。

操作要领

拍松牛肉并用植物油和淀粉抓拌，是为了使牛肉更嫩。

营养贴士

此菜具有增长肌肉、增强力量的功效。

视觉享受：★★★ 味觉享受：★★★★ 操作难度：★★★

口口香牛柳

TIME 40分钟

干锅东山羊

TIME 100 分钟

主料： 带皮东山羊肉 700 克

配料： 灯笼泡椒 100 克，红椒 1 个，煲仔酱、植物油各 50 克，二汤 2000 克，香菜梗、葱、姜、蒜、干辣椒各适量

操作步骤

①将羊肉洗净，用烙铁将表面的毛烫除，然后切成小块；干辣椒切成段；红椒切成丝；葱、姜、蒜切末。

②锅中放水，煮沸，放入切好的羊肉，大火氽 5 分钟后捞出。另起锅，锅中放入煲仔酱，小火煸炒 2 分钟后放入羊肉块、二汤，改用大火烧开，再改用小火焖 1 小时左右捞起。

③锅内放植物油，烧至七成热时放入葱末、姜末、蒜末和干辣椒段，用大火煸炒出香味；加入羊肉块、灯笼泡椒和炖制羊肉的汤汁，翻炒均匀，然后用大火收汁，取出放入锅仔内，以香菜梗和红椒丝点缀即可。

④上桌后，在锅仔下面放上酒精炉即可食用。

操作要领

上桌后，要边吃边在锅仔中加入啤酒。

营养贴士

此菜具有滋补养颜、防湿热的功效。

主料： 猪蹄750克

配料： 花椒5粒，姜8克，蒜2瓣，老抽8克，冰糖50克，盐13克，料酒45克，五香粉、味精各3克，生抽15克，草果、香叶、八角、植物油各适量

操作步骤

①猪蹄焯水，净毛，控水，剁去爪尖，劈成两半再斩段备用。

②锅里放油，放入冰糖，小火烧到熔化后搅拌一下，倒入猪蹄，炒至均匀上色，放入花椒、姜、蒜、草果、香叶、八角炒香，沿着锅圈浇入料酒，再加入生抽、老抽和五香粉炒匀。

③转入炖锅，炖2小时（在炖到1小时的时候，加盐调味），转到炒锅翻炒，大火收汁，到汤汁浓郁，加味精即可。

操作要领

炒糖色时，炒到颜色全部发褐色，没有白色的冰糖结晶，然后开始冒小泡泡时即可。

营养贴士

此菜具有促进生长、美容、抗衰老、改善冠心病、促进血液循环、促消化、增加食欲、抗菌的功效。

主料： 芸豆300克，五花肉150克

配料： 鲜虾酱75克，鸡蛋3个，盐、酱油、鲜汤、料酒、红椒末、葱末、姜末、食用油各适量

操作步骤

①芸豆择洗净，用开水烫一下，捞出切成丁；五花肉切末；鸡蛋打入碗内，加入鲜虾酱拌匀。

②锅内注食用油烧热，倒入虾酱炒熟，盛入碗内待用。

③净锅注食用油烧热，下入红椒末、葱末、姜末爆香，加入肉末、酱油、料酒煸炒至熟，再加入芸豆丁、炒熟的虾酱和适量鲜汤，用慢火煨透，加适量盐翻炒均匀即可。

操作要领 

芸豆烹调时一定要烧透再食用，否则会引起中毒。

营养贴士

芸豆对皮肤、头发都有好处，可以促进肌肤的新陈代谢，促使机体排毒，令肌肤更加光滑细腻。

酱香牛肉

主料： 前腿牛腱子1000克

配料： 大葱1根，姜1块，白糖15克，盐30克，五香粉3克，生抽、老抽各15克，丁香、花椒、八角、陈皮、小茴香、桂皮、香叶、甘草、辣酱、葱花各适量

操作步骤

①前腿牛腱子洗净，切大块，在大火烧开的水中略煮一下，捞出泡在冷水中，使牛肉紧缩。

②将丁香、花椒、八角、陈皮、小茴香、桂皮、香叶、甘草装入料包中；大葱洗净切3段；姜洗净拍散。

③锅中倒入适量清水，大火加热，依次放入料包、盐、大葱段、姜、生抽、老抽、白糖、五香粉。

④待水煮开后放入牛肉，用大火煮15分钟左右，改用小火煮至肉熟，捞出，放在通风、阴凉处放置2小时左右。

⑤将冷却好的牛肉倒入烧开的汤中小火煨30分钟，盛出冷却，切薄片，淋上辣酱，撒上葱花即可。

操作要领

判断牛肉是否煮熟，可用筷子扎一下，能顺利穿过即可。

营养贴士

此菜具有补中益气、滋养脾胃、强健筋骨、化痰息风、止渴止涎的功效。

视觉享受：★★★★ 味觉享受：★★★★ 操作难度：★★★★

酱猪手

主料： 猪手适量

配料： 酱油100克，精盐10克，八角、桂皮、花椒各5克，葱50克，姜20克

操作步骤

①将猪手用火烧一下，放入温水内泡一会儿，刮净污物洗净。

②葱切成段；姜切成块，拍破。

③猪手放入开水锅内，烫一下捞出，用凉水过凉。再放入锅内，加水（以没过猪手为佳）、酱油、精盐、八角、桂皮、花椒、葱段、姜块，开锅后以微火焖熟后，转旺火收汁，把猪手捞入盘内即可。

操作要领

猪手下锅之前，一定要清理干净。

营养贴士

此菜具有补血、通乳、托疮的功效。

主料： 肥牛片250克，金针菇300克，粉丝（水发后）100克

配料： 姜片15克，干辣椒10克，鸡汤150克，盐、胡椒粉、生抽、绍酒、花生油、辣椒酱、葱花各适量

操作步骤

①肥牛片洗净，以盐、胡椒粉、生抽拌匀备用。

②金针菇洗净，切去尾部的老根，备用。

③热锅下花生油，爆香干辣椒、姜片，点少许绍酒，下鸡汤，放入金针菇和粉丝煮开，然后下肥牛片，煮开后以盐、胡椒粉、辣椒酱调味，稍作收汁，撒上葱花即可。

操作要领

辣椒酱的用量根据个人口味调整。

营养贴士

金针菇具有很高的药用食疗作用。

视觉享受：★★★ 味觉享受：★★★★ 操作难度：★★★★

金针银丝煮肥牛

苦瓜炒肚丝

主料： 猪肚300克，苦瓜2根

配料： 红椒1个，大蒜10克，植物油、酱油、醋、白糖、盐、香油、葱白丝各适量

操作步骤

①猪肚切丝，用香油拌匀；苦瓜去皮切条；红椒切丝；大蒜切末。

②锅中加植物油，油热后下入蒜末和葱白丝爆香，倒入猪肚爆炒片刻，加入苦瓜、红椒丝翻炒，加入盐、白糖、酱油、醋调味，炒熟淋上香油即可。

操作要领

想要去除苦瓜的苦味，可先用沸腾的盐水煮一下。

营养贴士

苦瓜具有清热消暑、养血益气、滋肝明目等多种功效。

主料： 山菇100克，五花肉50克

配料： 粉条50克，葱花、姜片、香菜、盐、味精、胡椒粉、花生油、高汤各适量

操作步骤

①将山菇去除沙子及杂物，泡水洗净；粉条用开水泡软，切长段。

②五花肉切片，入放了少量花生油的锅中炒出油来，加入葱花、姜片、山菇、胡椒粉、高汤、盐、味精和粉条，炖15分钟，撒上香菜即可。

操作要领

五花肉本身含有油，所以油不用放太多。

营养贴士

菇类营养丰富，含有人体必需的8种氨基酸，还有抑制肿瘤、降血压及胆固醇的功效。

主料： 牛肉500克

配料： 葱段、姜片各10克，八角5克，酱油、绍酒各15克，精盐20克，芝麻油6克，淀粉、葱花各少许

操作步骤

①将整块牛肉入开水焯一下，然后锅中添入清水，加入葱段、姜片和牛肉用大火煮沸，撇去浮沫后转小火焖煮，时间约2~3小时。

②将熟牛肉切成长条，摆放到盘中，加入绍酒、酱油、精盐、八角、葱段、姜片和煮牛肉的原汤，上锅蒸约20分钟。

③锅中倒入蒸牛肉的汤汁，大火煮沸，再用淀粉勾芡，淋上芝麻油后浇在牛肉上，用葱花点缀即可。

操作要领

蒸牛肉时宜用旺火。

营养贴士

牛肉味甘、性平，是滋补脾胃、补气益血的佳品。

奇香羊排

视觉享受：★★★
味觉享受：★★★★
操作难度：★★★★

TIME 30分钟

菜品特点
巴蜀风情
创意十足

主料： 羊排400克

配料： 青、红椒各1个，芹菜、植物油、酱油、料酒、盐、白糖、花椒粉、辣椒粉、鸡精、干豆豉碎、干辣椒段、熟芝麻各适量

操作步骤

①把羊排用沸水汆烫以煮出脏物，捞出后用酱油、料酒、花椒粉、辣椒粉、鸡精腌渍30分钟；青、红椒处理干净，芹菜洗净，均切片。

②锅烧热后用旺火将足量植物油烧熟，然后撤火冷却到七成热后，放入羊排，炸至金黄，再把火力开大，炸2分钟，内部熟透即可。

③锅中留少许植物油，放入干豆豉碎、干辣椒段和青、红椒片炒香，倒入炸好的羊排块，调入盐和白糖，炒均匀出锅，撒上熟芝麻即可。

操作要领

炸羊排时，油一定要热了后冷却，这样比较好控制温度，不容易煳。

营养贴士

羊肉能暖中补虚，补中益气，开胃健身，益肾气，养胆明目，治虚劳寒冷、五劳七伤。

视觉享受：★★★★ 味觉享受：★★★★ 操作难度：★★★

椒盐排骨

TIME 30分钟

菜品特点：色泽金黄 外焦里嫩

主料： 猪肋骨 750 克

配料： 葱花、姜末、鸡蛋糊、黑胡椒、味精、花雕酒、椒盐、盐、油各适量

操作步骤

①将猪肋骨切成 5 厘米长的小段，洗净，并用布将排骨的水分吸干，然后加盐、黑胡椒、味精、花雕酒、姜末腌渍 15 分钟。

②将腌好的排骨均匀涂上鸡蛋糊，放入滚油中，炸至金黄起酥捞起。

③锅中留少许油，下葱花和排骨略翻几下，撒上椒盐即可。

操作要领

排骨炸的时间不宜过长，否则肉干硬。

营养贴士

猪肉可提供血红素（有机铁）和促进铁吸收的半胱氨酸，能改善缺铁性贫血。

主料： 羊肉 300 克

配料： 葱段、姜片、料酒、油、盐、孜然粉、辣椒粉、熟芝麻各适量

操作步骤

①羊肉切大片，用葱段、姜片、料酒、盐拌匀腌渍至少 1 小时（腌料的量据个人口味而定），加孜然粉、辣椒粉拌匀。

②牙签提前用开水泡至少 30 分钟，然后串上腌好的羊肉。

③锅内烧热油，七成热左右倒入羊肉，炸至变色，捞出；烧热油，倒入羊肉继续炸至表面金黄捞出。

④锅内留一点点底油，倒入辣椒粉、孜然粉炒匀，再倒入羊肉炒匀关火，撒上熟芝麻拌匀即可。

操作要领

羊肉尽量切成大小一致的块，以保证炸制的熟度相同。

营养贴士

羊肉营养丰富，对于治疗一些虚寒病症有很大的裨益。

视觉享受：★★★★ 味觉享受：★★★★ 操作难度：★★★

牙签羊肉

TIME 30分钟

菜品特点：食用方便 香辣美味

香辣椒盐猪蹄

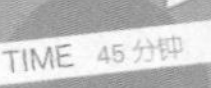

主料： 猪脚2个

配料： 油、盐、料酒、椒盐、辣椒粉、花椒粉、姜末、蒜末各少许

操作步骤

①猪蹄洗净入盐水中焯熟，捞出控干表面的水分。

②锅中放入适量的油，待油温升高后，放入猪蹄先小火炸，再用大火将猪蹄炸至表面变得稍微焦脆后捞出，控干油。

③锅中留少许底油，放入姜末、蒜末、辣椒粉、花椒粉炒香。

④下入炸好的猪蹄，加入适量的料酒和椒盐翻炒，让猪蹄表面均匀沾上椒盐即可。

操作要领

若嫌操作不便，焯水前可将洗净的猪蹄剁碎。

营养贴士

此菜具有排毒、抗衰老、安神、防癌、活血、强身健体、消炎、美容护肤的功效。

视觉享受：★★★　味觉享受：★★★★　操作难度：★★★

泡椒牛肉丝

TIME 20分钟

主料： 牛里脊肉、泡椒各适量
配料： 香芹、生抽、料酒、姜丝、胡椒粉、魔厨高汤、干淀粉、植物油各适量

操作步骤

①牛里脊肉切丝，加入生抽、料酒、姜丝、胡椒粉、魔厨高汤、干淀粉调匀，腌渍入味；泡椒和香芹分别洗净切丝。

②牛肉下热油锅内滑油取出。

③锅留底油，炒香泡椒丝，下芹菜丝翻炒，再下牛肉丝炒匀即可。

操作要领

建议用锋利的刀切牛肉，肉丝越细越入味。

营养贴士

牛肉低脂肪，芹菜粗纤维，辣椒又可帮助脂肪燃烧，这是一道减肥菜。

主料： 冬笋75克，里脊肉120克
配料： 木耳、胡萝卜各50克，泡椒20克，葱、姜各5克，蒜10克，醋10克，生抽、料酒各5克，糖15克，水淀粉8克，植物油适量

操作步骤

①里脊肉洗净切丝，加料酒、水淀粉和生抽拌匀腌渍10分钟；冬笋、木耳、胡萝卜洗净分别切丝；泡椒、葱、姜、蒜切末；糖、醋、生抽、料酒、水淀粉拌匀制成味汁。

②锅中热油，下肉丝快速翻炒30秒钟，盛出沥油。

③锅留底油，放泡椒末炒香，放葱、姜、蒜末炒香，放冬笋丝、木耳丝和胡萝卜丝翻炒，再倒入肉丝翻炒均匀，将味汁沿炒锅内壁倒入锅中，迅速翻炒均匀即可。

操作要领

用干淀粉加蛋清和少量酱油代替水淀粉，可使肉丝更嫩。

营养贴士

此菜具有止血凉血、通便、养肝、消食、健脾、清热解毒的功效。

视觉享受：★★★　味觉享受：★★★★　操作难度：★★★★

鱼香肉丝

TIME 20分钟

剁椒羊腿肉

主料： 羊腿肉200克，剁椒50克

配料： 姜末、蒜末各10克，味精2克，盐3克，冷鲜汤20克，醋15克，酱油5克，香油2克，香菜末适量

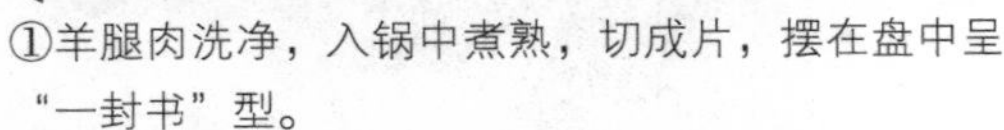

操作步骤

①羊腿肉洗净，入锅中煮熟，切成片，摆在盘中呈“一封书”型。

②剁椒中加入味精、盐、冷鲜汤、姜末、蒜末、醋、酱油、香油调匀，淋在羊肉片上，撒上香菜末即成。

操作要领

可以将黄瓜切成长条，摆在盘中作为装饰。

营养贴士

羊肉肉质细嫩，含有很高的蛋白质和丰富的维生素。

视觉享受：★★★★ 味觉享受：★★★★ 操作难度：★★★

孜然羊肉片

TIME 20分钟

主料： 羊肉片适量

配料： 葱花、姜丝、干辣椒、花椒、植物油、孜然粉、料酒、生抽、盐各适量

操作步骤

①炒锅倒油，放入干辣椒、花椒小火煸炒出香味后捞出，然后放入姜丝炒香，再放入羊肉片煸炒。

②炒至稍变色，加入料酒和少许生抽，大火煸炒至羊肉片断生。

③撒入孜然粉、少许盐调味，放入葱花，略翻炒均匀即可。

操作要领

羊肉片很容易熟，所以大火快炒即可。

营养贴士

羊肉鲜嫩，营养价值高，可作为肾阳不足、腰膝酸软、腹中冷痛、虚劳不足者的食疗品。

主料： 黄花菜（干）、胡萝卜丝各50克，猪里脊肉200克

配料： 姜丝、葱段各5克，盐4克，生抽5克，胡椒粉、淀粉、植物油各适量

操作步骤

①黄花菜用水泡软，捞出沥干水分备用；猪里脊肉切丝，用少许盐、胡椒粉、淀粉、植物油，再加少许水搅拌均匀腌一下。

②锅内放植物油，油热后放姜丝、葱段爆香，放入腌好的肉丝翻炒，肉变色后放入黄花菜和胡萝卜丝翻炒，加入生抽和盐翻炒至熟即可。

操作要领

出锅时可放些香油调味，不喜欢的也可不放。

营养贴士

黄花菜含有丰富的花粉、糖、蛋白质、维生素C、钙、脂肪、胡萝卜素、氨基酸等人体所必需的养分。

视觉享受：★★★★ 味觉享受：★★★★ 操作难度：★★★

金针炒肉丝

TIME 20分钟

鱼香兔丝

视觉享受：★★★★
味觉享受：★★★★
操作难度：★★★

TIME 20分钟

菜品特点
甜咸适中
营养美味

主料： 兔肉500克

配料： 白糖5克，麻油少许，郫县豆瓣酱、盐、生抽、老抽、蚝油、醋、姜、葱、蒜、植物油、干淀粉各适量

操作步骤

①盐、干淀粉、生抽、老抽、蚝油、醋、白糖、麻油加适量水调成汁备用；兔肉切成条，放入盐水中浸泡10分钟，捞出沥干水分，撒一些干淀粉拌匀；葱切花；姜、蒜切末。

②锅中放入适量植物油，烧至七成热，下入兔肉炸至金黄捞出。

③锅内留少许底油，放入姜末、蒜末爆香后，加郫县豆瓣酱翻炒，放入炸好的兔肉一同翻炒，最后倒入调好的调味汁翻炒均匀，撒上葱花点缀即可。

操作要领

因为豆瓣酱有盐，所以加盐时要注意用量。

营养贴士

兔肉是一种高蛋白、低脂肪的食物，既有营养，又不会令人发胖，是理想的“美容食品”。

视觉享受：★★★ 味觉享受：★★★★ 操作难度：★★★★

木耳炖酥肉

TIME 40分钟

菜品特点：外形完整 香醇鲜美

主料： 炸酥肉、黑木耳各适量

配料： 植物油、姜、蒜、葱、盐、陈醋、花椒、白胡椒粉、鸡精各适量

操作步骤

①黑木耳提前泡发洗净；蒜、姜切末；葱斜切段。

②锅中置油，油热后加入花椒和葱段、姜末、蒜末炒香。

③倒入水，将黑木耳和酥肉放进锅里，加盐、鸡精、白胡椒粉拌匀，盖上盖子，煮开后转小火炖，10分钟后倒入一点儿陈醋，再炖10分钟即可。

操作要领

炖制10分钟后，可倒入一点陈醋，能去油腻味。

营养贴士

木耳炖酥肉，有木耳又有肉，营养足够人体的正常需要。

主料： 小羊排500克，白萝卜100克

配料： 花椒、八角各5克，白糖10克，盐3克，葱段、姜片、蒜瓣、郫县豆瓣酱、料酒、植物油、酱油、泡椒、葱花各适量

操作步骤

①小羊排洗净用清水泡1小时，泡出血水，斩成小块；白萝卜切成滚刀块备用；郫县豆瓣酱和泡椒混合剁碎成辣酱。

②锅中放水，加入葱段、姜片、八角、花椒、料酒烧开，加入羊排，转小火，撇除血沫，煮15分钟。

③炒锅放入少量的植物油，加入白糖，炒制糖色，倒入一大勺料酒和煮羊排的汤，烧至汤汁黏稠，盛出备用。

④另起锅放入油，加入辣酱炒出红油，加入八角、花椒、葱段、姜片、蒜瓣煸炒，倒入煮羊排的汤，加入料酒、酱油、盐和糖色，大火烧开后放入煮好的羊排和白萝卜，煮至白萝卜软烂，汤汁收浓，撒上葱花即可。

操作要领

炒糖色时一定先加料酒，这样不会外溅，但不要加凉水以免烫伤。

营养贴士

羊肉具有补肾壮阳、补虚温中等作用，适合男士食用。

视觉享受：★★★ 味觉享受：★★★★ 操作难度：★★★

红焖羊排

TIME 2小时

菜品特点：咸鲜微辣 色彩红亮

酸辣腰花

主料： 泡菜 100 克，猪腰 600 克

配料： 净冬笋、水发香菇各 50 克，红椒 1 个，料酒、酱油各 25 克，盐 3 克，味精 2 克，猪油 500 克，香油 15 克，湿淀粉 50 克

操作步骤

①猪腰撕去皮膜，片成两半，再片去腰臊洗净，在表面斜剞一字花刀，翻过来再斜剞一字花刀，切成2.5厘米的条，在盘内用盐拌匀，加湿淀粉浆好。

②泡菜、冬笋、香菇去蒂洗净；红椒去蒂去籽，切成片。

③将猪油烧热，下入腰花，滑至八成熟时，倒出沥油。

④锅内留少许底油，下入冬笋、泡菜、香菇、红椒炒一下，烹入料酒，加盐、酱油、味精调味，用湿淀粉勾芡，再倒入滑熟的腰花，颠翻几下，淋上香油即可。

操作要领

猪肝、猪心亦可按此法制作。

营养贴士

猪腰是猪的肾脏的俗称，它有滋肾利水的功效。

视觉享受：★★★ 味觉享受：★★★★ 操作难度：★★★★

回锅肉

TIME 20分钟

菜品特点：色泽红亮　肥而不腻

主料： 五花肉300克

配料： 青蒜苗50克，青、红椒各1个，姜片、香叶、郫县豆瓣酱、料酒、植物油、盐、蒜末、味精各适量

操作步骤

①青蒜苗洗净切段；青、红椒洗净去蒂切片。

②锅中放水，加入姜片、香叶，烧开，将五花肉放入锅中，煮至六成熟时，捞出切片。

③炒锅中放油，烧热，放入姜片、蒜末、郫县豆瓣酱，用中火炒香；倒入肉片，加少许盐和料酒，炒至肥肉部分打卷。

④放入青蒜苗和青、红椒片，加少许盐，转大火翻炒至熟，撒上味精即可。

操作要领

切肉时把捞起的肉放在冷水里浸一浸，趁外冷内热时下刀。

营养贴士

此菜具有补肾养血、滋阴润燥等功效。

视觉享受：★★★★ 味觉享受：★★★★ 操作难度：★★★

清炖狗肉

TIME 2小时

菜品特点：狗肉嫩鲜　原汁原味

主料： 鲜狗肉1000克

配料： 大葱40克，生姜15克，植物油75克，料酒50克，熟芝麻面10克，胡椒粉、味精各2克，盐20克，蒜薹适量

操作步骤

①用凉水把狗肉洗净，在清水中浸泡一天，冲洗干净，切成块，放入煮锅里焯水，再用清水冲洗3次控干。

②大葱去皮洗净，切成段；生姜去皮，洗净，切片；蒜薹切段。

③将植物油放入锅里烧热，放入狗肉块，旺火煸炒4分钟，烹入料酒，待水分稍干，加入姜片、葱段、盐和足量清水，烧开后去沫，改用小火炖熟，放入蒜薹，加入味精、胡椒粉和熟芝麻面即成。

操作要领

此菜配料中不能加大蒜，因为忌与狗肉同食。

营养贴士

食用狗肉可增强体魄，提高消化能力，促进血液循环，改善性功能。

腊肉炒山药

视觉享受：★★★★
味觉享受：★★★★
操作难度：★★★

TIME 15分钟

菜品特点
山药清脆
腊肉咸香

主料： 腊肉（生）75 克，山药 350 克

配料： 姜丝 5 克，料酒 5 克，植物油 20 克，盐 3 克，味精 2 克，葱花适量

操作步骤

①山药去皮切长条，用开水焯熟；腊肉蒸熟切成薄片。

②炒锅内加植物油烧热，加姜丝炒香，烹入料酒，加入山药翻炒，随后加盐、味精和腊肉片翻炒，撒葱花即可。

操作要领

山药选择外皮毛少的脆性的那种，炒起来口感脆。

营养贴士

山药具有补脾益肾、养肺、止泻、敛汗的功效。

视觉享受：★★★★ 味觉享受：★★★★ 操作难度：★★★

红烧排骨

TIME 60分钟

菜品特点：味道香咸 色泽金红

主料： 排骨500克

配料： 葱白1根，香叶2片，姜3片，蒜4瓣，桂皮1块，八角1粒，植物油、酱油各15克，盐5克，冰糖35克，黄酒60克

操作步骤

①排骨洗净剁块焯水备用；冰糖敲碎；葱白洗净切段；蒜拍碎。

②锅里放少量植物油，放入冰糖，用小火慢慢熬，熬到糖的焦香散发出来，颜色变成浅褐色即可。

③倒入焯过水的排骨一起翻炒，倒入少许酱油上色。

④放入八角、香叶、桂皮、姜片、葱段、蒜碎，倒入半碗黄酒，加开水没过排骨。

⑤盖上锅盖转小火炖40分钟。

⑥汤汁还有1/3时加盐，中火收汁即可。

操作要领

为了使菜色更加好看，可以放入几片青菜叶点缀。

营养贴士

此菜对气血不足、阴虚、食欲缺乏者有一定食疗效果。

主料： 鲜羊排750克

配料： 杭椒2个，鸡蛋100克，姜、蒜、香葱各8克，精盐、味精、花生酱各5克，辣椒酱20克，料酒、吉士粉、干淀粉、干辣椒、植物油、香油、白芝麻各适量

操作步骤

①羊排洗净，剁成5厘米长的段，用精盐、味精、料酒腌渍2小时，加入鸡蛋液、花生酱、吉士粉、辣椒酱、干淀粉拌好。

②姜、蒜切末；杭椒、干辣椒、香葱切段备用。

③锅中倒入植物油，烧至六成热时，将羊排放入炸至表面金黄。

④锅内留底油，加姜蒜末、香葱、干辣椒、杭椒炒香，倒入炸好的羊排翻炒几下，淋入香油，撒上白芝麻即可。

操作要领

羊排两面均要炸至金黄色。

营养贴士

此菜具有杀菌、促进消化、补钙、降血压、降血脂、防癌、抗癌、延缓衰老的功效。

视觉享受：★★★ 味觉享受：★★★★ 操作难度：★★★★

川香羊排

TIME 30分钟

菜品特点：造型美观 酥香可口

水煮肉片

主料： 猪里脊肉200克

配料： 青菜100克，植物油、芹菜、香叶、豆瓣酱、辣椒面、花椒面、姜片、蒜末、葱段、盐、味精、蛋清、料酒、干淀粉各适量

操作步骤

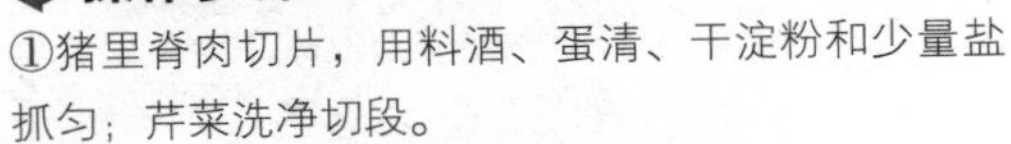

①猪里脊肉切片，用料酒、蛋清、干淀粉和少量盐抓匀；芹菜洗净切段。

②起油锅，油温升至七成热时，下入葱段、姜片、蒜末爆香，放入香叶、豆瓣酱炒香，加水和适量的盐煮开。

③将青菜、芹菜放入锅中焯烫片刻捞出装入盆中，再将里脊肉一片一片地放入锅中烫熟，捞入盆中，锅中汤汁加味精调味倒入盆中。

④将辣椒面和花椒面撒在肉片上，淋上热油即可。

操作要领

腌肉的时候加点蛋清，可使肉更嫩。

营养贴士

此菜具有护肤、养颜、防止女性乳腺癌、润肠排毒、促进人体对动物蛋白的吸收等功效。

主料： 内酯豆腐1盒，牛肉50克

配料： 香菇4朵，鸡蛋清30克，胡萝卜少许，盐10克，香油5克，鸡精、白胡椒粉各5克，水淀粉、葱花各适量

操作步骤

①牛肉细细地剁碎，先在沸水中过一下，待水变色后捞出，用热水冲干净。

②香菇、豆腐、胡萝卜均洗净切成小颗粒状。

③锅中加入两大碗水，烧开后，依次加入牛肉、豆腐、香菇，小火煮2分钟左右，开锅后，加盐调味。

④将水淀粉搅匀，开大火，边搅拌边倒入汤中。

⑤当汤稍浓稠时，改用中火，加入鸡蛋清，边加边搅拌。

⑥最后依次加入白胡椒粉、鸡精、香油，拌匀后撒上葱花和胡萝卜粒即可。

操作要领

加入蛋清时用中火，火力太旺会使汤产生很多白沫。

营养贴士

此菜具有补中益气、滋养脾胃、强健筋骨、化痰息风、止渴止涎的功效。

主料： 肋排700克，大米100克

配料： 八角1粒，红椒1个，腐乳汁、老抽、蚝油、白酒各15克，盐3克，糖5克，葱花、姜片、花椒各适量

操作步骤

①肋排洗净，捞出沥干，加白酒、姜片腌渍15分钟，拣出姜片，加腐乳汁、老抽、蚝油、糖、盐拌匀，继续腌渍。

②大米淘好晾干，放入炒锅中，不加油不加水，再放入八角、花椒、红椒，小火翻炒至大米微黄，全部放入料理机中打碎成颗粒状米碎。

③将米碎倒入肋排中拌匀，使肋排表面均匀裹上米碎，然后将肋排放入高压锅中蒸30分钟，撒上葱花即可。

操作要领

肋排清洗干净即可，无须焯水，焯水后的肋排肉质发紧、口感变差。

营养贴士

此菜可作为补充营养素的基础食物和婴儿辅助饮食。

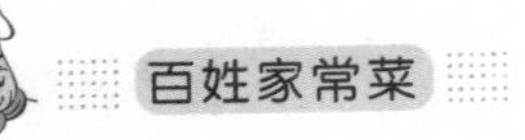

东坡肉

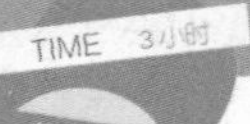

主料： 猪五花肋肉1500克

配料： 葱段100克，姜块50克，白糖100克，绍酒250克，酱油150克

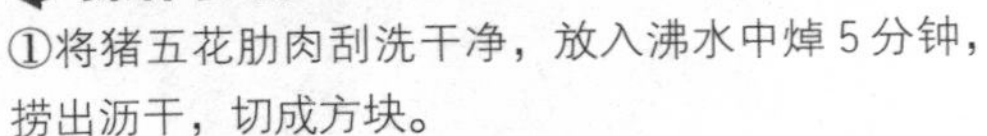

操作步骤

①将猪五花肋肉刮洗干净，放入沸水中焯5分钟，捞出沥干，切成方块。

②砂锅中用竹箅子垫底，铺上葱段、姜块，将猪肉皮面朝下整齐排在上面，加入白糖、酱油、绍酒，盖上锅盖。

③用桃花纸围封砂锅边缝，用旺火烧开，然后加盖密封。

④用微火焖酥，将近砂锅端离火口，撇去油，将肉皮面朝上装入特制的小陶罐中，加盖放在蒸笼内，用旺火蒸30分钟至肉酥透即可。

操作要领

五花肉的肉质瘦而不柴、肥而不腻，以肉层不脱落的部位为佳。

营养贴士

此菜具有补肾养血、滋阴润燥的功效。

视觉享受：★★★★ 味觉享受：★★★★ 操作难度：★★★

米粉肉

TIME 60分钟

菜品特点：色泽鲜艳 肉质酥烂

主料： 带皮五花肉500克

配料： 调料包1袋，超市蒸肉米粉1袋，生油、葱花各适量

操作步骤

①将五花肉洗净，切成1厘米厚、8厘米长的片，码在碗中备用。

②按照调料包的肉片与米粉的比例，将米粉和调料撒在肉片上，加水抓匀并超过肉片1厘米。

③肉片抓匀后，放入冰箱冷藏一夜备用。

④在小木笼屉底部刷上生油，将肉片均匀铺在上面，然后放入蒸锅中；大火蒸1小时，关火取出，撒上葱花即可。

操作要领

肉片与调料混合后，不要立即上火蒸，要将肉片裹匀调料后，放入冰箱冷藏一夜，可使肉片更入味。

营养贴士

此菜脂肪丰富，并含有一定量的蛋白质、碳水化合物、磷、钙、铁等微量元素和磷脂、烟酸等营养物质，有利于人体消化。

主料： 五花肉100克，瘦肉150克

配料： 青椒4个，盐6克，蒜片5克，料酒、老抽各5克，色拉油、鸡精、淀粉、熟芝麻各适量

操作步骤

①将原料洗净，五花肉和瘦肉都切片，将瘦肉片用盐、鸡精、料酒、老抽及淀粉抓匀腌渍5分钟左右；青椒去蒂和籽，斜切成片状。

②凉锅放色拉油，油至六成热时，放入五花肉翻炒，待五花肉煎至黄色时，放入蒜片和青椒片，继续翻炒。

③加入少许盐继续翻炒几下，将腌好的瘦肉片放入锅中，翻炒片刻，撒上熟芝麻即可。

操作要领

瘦肉最好选用猪腿的瘦肉，比里脊更有味道和嚼劲。

营养贴士

猪肉是日常生活的主要副食品，具有补虚强身、滋阴润燥、丰肌泽肤的功效。

视觉享受：★★★ 味觉享受：★★★★ 操作难度：★★★★

农家小炒肉

TIME 20分钟

菜品特点：肉质细嫩 辛辣鲜香

蒜泥拌白肉

视觉享受：★★★★
味觉享受：★★★★★
操作难度：★★★

TIME 30分钟

菜品特点
蒜香浓郁
口感独特

主料： 五花肉1块

配料： 蒜2瓣，盐、葱段、姜片、花椒、生抽、红糖、五香粉、辣椒油各适量

操作步骤

①五花肉洗净焯水；另烧一锅开水，加入葱段、姜片和适量花椒，放入焯水后的五花肉，保持沸腾，以中小火煮20分钟，关火，肉浸在原汤中至少30分钟，或者浸至温凉时取出，再放入冰箱急冻10分钟，切薄片。

②蒜瓣加盐捣成蒜泥，加少量放凉后的原汤，调成蒜泥汁。

③生抽、红糖加适量煮肉原汤和少许五香粉，略煮一会儿，即成复制酱油；复制酱油放凉后加辣椒油以及之前的蒜泥汁，混合均匀后浇在肉片上即可。

操作要领

煮肉时如果担心肉有腥味，可以加两勺料酒去腥。

营养贴士

猪肉提供人体生理活动必需的优质蛋白质、脂肪，具有滋阴润燥、益精补血的功效。

视觉享受：★★★★ 味觉享受：★★★★★ 操作难度：★★★

红油猪耳

TIME 15分钟

主料： 卤猪耳 300 克

配料： 青椒、红椒、葱白各 50 克，辣椒油 30 克，食盐 5 克，鸡精 3 克，生抽、白糖、香醋、花椒粉各适量，香菜少许

操作步骤

①卤猪耳切丝；青椒、红椒、葱白切丝；香菜洗净切段。

②拿一个小碗，依次放入辣椒油、花椒粉、食盐、鸡精、生抽、香醋、白糖拌匀。

③再将猪耳丝、青椒丝、红椒丝、葱白丝、香菜段放入盘中，倒入调料汁拌匀即可。

操作要领

耳丝不要切太薄，否则容易断。

营养贴士

猪耳含有蛋白质、脂肪、碳水化合物、维生素及钙、磷、铁等，具有健脾胃的功效。

主料： 荷兰豆 250 克，牛肉适量

配料： 葱花、姜末、蒜末、料酒、生粉、酱油、花椒、醋、胡椒粉、橄榄油、香油、盐各适量

操作步骤

①牛肉切块，放入料酒、生粉、酱油、香油，抓匀腌渍一会儿；锅中倒入清水，加入少许盐和醋，淋入几滴橄榄油，放入荷兰豆，水开后关火，捞出过冷水。

②热锅热油，放入花椒、姜末、蒜末爆香，放入牛肉，爆炒 3 分钟，加盐、葱花翻炒，加入荷兰豆，调入适量胡椒粉、酱油、醋和香油，翻炒 2 分钟后关火，盖锅盖焖 2 分钟即可。

操作要领 

荷兰豆汆烫时，水中要加几滴橄榄油、少量盐和醋。

营养贴士

荷兰豆性平、味甘，具有和中下气、利小便、解疮毒等功效。

视觉享受：★★★ 味觉享受：★★★★ 操作难度：★★★

荷兰豆炒牛肉

TIME 20分钟

菜品特点 荤素搭配 营养全面

紫酥肉

TIME 3小时

视觉享受：★★★
味觉享受：★★★★★
操作难度：★★★★

主料： 带皮肋猪肉适量

配料： 葱片、姜片、花椒、八角（掰碎）、精盐、黄酒、味精、花生油、醋、甜面酱各适量

操作步骤

①将带皮肋猪肉切成6.6厘米宽的条，在汤锅内以旺火煮透捞出，再把皮上的鬃眼片净，用葱片、姜片、花椒、八角、精盐、黄酒、味精和适量水浸腌2小时，上笼用旺火蒸至八成熟，取出晾凉。

②炒锅置旺火上，加花生油，烧至五成热时，肉皮朝下放入锅内，转微火，10分钟后捞出。

③在皮上抹一层醋，下锅内炸制，反复3次，炸至肉透，皮呈柿黄色捞出。

④切成0.6厘米厚的片，整齐码盘以甜面酱佐食即可。

操作要领

腌肉时间要保证在2小时以上，在腌渍过程中要翻两次身，并用竹签在肉上扎些小孔，以利于入味。

营养贴士

猪肉含有丰富的优质蛋白质和人体必需的脂肪酸。

视觉享受：★★★ 味觉享受：★★★★★ 操作难度：★★★

淮山羊肉海参汤

TIME 2小时

主料： 羊肉 500 克，海参 100 克，淮山 50 克

配料： 葱白 30 克，姜 15 克，胡椒粉 6 克，黄酒 20 克，精盐 10 克

操作步骤

①将羊肉剔去筋膜，洗净，略划几刀，入沸水焯去血水；海参洗净泡发；淮山用清水浸透后，切成 2 厘米厚的片；葱白切段；姜拍破。

②将羊肉、淮山、海参放入砂锅内，加适量清水，大火烧沸后，撇去浮沫，放入葱白、姜、胡椒粉、黄酒，转小火炖至羊肉酥烂，捞出羊肉晾凉。

③将羊肉切成片，装入碗内，再将原汤除去葱白、姜，加精盐搅匀，连淮山一起倒入羊肉碗内即可。

操作要领

新鲜山药切开时会有黏液，极易滑刀伤手，可以先用清水加少许醋洗，这样可减少黏液。

营养贴士

此汤有补脾益肾、温中暖下的功效。

主料： 白菜 350 克，粉丝 300 克，净熟驴肉 500 克

配料： 鸡汤、绍酒、精盐、味精各适量

操作步骤

①白菜、粉丝焯水后垫在砂锅底。

②驴肉切成块摆在白菜、粉丝上，再加入鸡汤、绍酒炖至驴肉酥烂，用精盐、味精调味即成。

操作要领

白菜不宜过烂。

营养贴士

驴肉对动脉硬化、冠心病、高血压患者有着良好的保健作用。

视觉享受：★★★ 味觉享受：★★★★ 操作难度：★★★★★

白菜粉丝炖驴肉

TIME 30分钟

海带炖肉

视觉享受：★★★
味觉享受：★★★★
操作难度：★★★

TIME 60分钟

主料：五花肉400克，水发海带200克

配料：酱油30克，料酒5克，精盐4克，白糖10克，八角2粒，葱15克，姜片7克，板栗少许，植物油适量

操作步骤

①将五花肉洗净，切成大小适中的块；葱择洗干净，切成葱段和葱花；海带择洗干净，用开水煮10分钟，切成小块；板栗用热水泡涨，去除内皮。

②将植物油放入锅内，下入白糖炒成糖色，投入肉块、板栗、八角、葱段、姜片煸炒，肉面上色后加入酱油、精盐、料酒，略炒后加入适量水。

③大火烧开，转微火炖至八成烂，投入海带，再炖10分钟，撒上葱花即可。

操作要领

海带表面有层黏糊糊的东西，用盐水清洗几遍可清除。

营养贴士

海带富含碘、钙、磷、铁，能促进骨骼、牙齿生长，是儿童良好的食疗保健食物。

视觉享受：★★★★ 味觉享受：★★★★ 操作难度：★★★

辣味炒肉

TIME 20分钟

菜品特点：简单易做 味道鲜美

主料： 五花肉200克，青椒、红椒各30克

配料： 植物油、盐、老抽、生抽、姜末、蒜末、味精、豆瓣酱各适量

操作步骤

①将五花肉切成片，加盐、老抽、生抽腌10分钟；青椒、红椒切好备用。

②锅中放油烧热，放入姜末、蒜末煸出香味，放入肉片翻炒，加少许盐、生抽，快熟时放入切好的青椒、红椒。

③加入适量豆瓣酱，起锅时撒少许味精翻炒几下即可。

操作要领

要把肉切得大小、厚度适中。

营养贴士

此菜具有增加食欲、助消化的功效。

主料： 冻羊肉180克

配料： 姜末、葱花各5克，盐10克，味精8克，辣椒油30克，辣椒粉、孜然粉各20克，熟芝麻、色拉油各适量

操作步骤

①选做涮羊肉的冻羊肉，在羊肉没有化冰前切成小块，再将切好的羊肉化冰备用。

②锅置火上，烧热加入色拉油，将化好冰的羊肉滑油捞起，加入姜末、辣椒粉、孜然粉炒香，倒入滑好油的羊肉，翻炒两下，加入盐、味精、辣椒油炒熟，撒上熟芝麻、葱花即可。

操作要领

羊肉不需要腌渍，滑油、生炒即可。

营养贴士

羊肉具有补肾壮阳、补虚温中等作用。

视觉享受：★★★★ 味觉享受：★★★★★ 操作难度：★★★★

铁板羊肉

TIME 15分钟

菜品特点：口感鲜嫩 独具风味

竹荪炖排骨

观赏享受：★★★
味觉享受：★★★★
操作难度：★★★

TIME 2小时

主料： 排骨、竹荪、山药各适量

配料： 姜片、葱段、盐、黄酒、料酒各适量

操作步骤

①排骨用加了姜片、料酒、葱段的水飞过；竹荪用清水冲洗后再用温水浸泡30分钟；山药去皮切滚刀块，用淡盐水泡上备用。

②汤煲一次加足水，放入排骨，大火烧开后撇去浮沫，加姜片、葱段、黄酒烧开后，转中小火煲1小时左右。

③将泡好的竹荪与山药一起倒入汤锅，中火煲20分钟，加盐调味即可。

操作要领

排骨飞水，可以去除血污。

营养贴士

竹荪被称为“真菌之花”，含有丰富的氨基酸、维生素、无机盐等。

视觉享受：★★★★ 味觉享受：★★★★★ 操作难度：★★★★

腐乳煎大排

TIME 50分钟

菜品特点：色泽红亮 肥而不腻

主料： 猪大排适量

配料： 腐乳汁、料酒、白糖、油、葱花各适量

操作步骤

①用松肉锤将猪大排正反两面各敲打一遍，用料酒腌一下。

②锅中倒适量油，油热后，将肉排煎至两面变色。

③将油倒出，重新放入大排，倒入用腐乳汁加适量白糖调成的酱汁，小火焖煮30分钟左右至基本收汁（中途可以给大排翻面），撒上葱花即可。

操作要领

将猪大排捶打一遍，可以使肉质疏松，更易入味。

营养贴士

猪排骨具有滋阴润燥、益精补血的功效。

主料： 牛肉适量

配料： 干辣椒、辣椒粉、花椒粉、香葱段、姜片、蒜瓣、八角、香叶、桂皮、白糖、酱油、生抽、料酒、油、黄豆酱、盐各适量

操作步骤

①牛肉洗净，切成薄片，凉水下锅，大火煮开后捞出，迅速冲凉水，沥干水分；干辣椒切段。

②坐锅烧水，锅内放姜片、蒜瓣、八角、香叶、桂皮、酱油、白糖、黄豆酱，烧开后下入牛肉大火煮开，转小火慢炖20分钟，捞出沥干水分；再在油锅中将牛肉炸至表皮变色，捞出控油。

③锅内留少许油，下入白糖，小火炒至融化，颜色微黄，添加适量的辣椒粉、花椒粉拌匀，下入干辣椒段、牛肉翻炒上色，放入香葱段，烹入生抽和料酒，加一点点盐即可。

操作要领

炸牛肉时要用中火。

营养贴士

牛肉蛋白质含量高，而脂肪含量低，享有“肉中骄子”的美称。

视觉享受：★★★ 味觉享受：★★★★ 操作难度：★★★★

麻辣牛肉干

TIME 30分钟

菜品特点：入口酥香 麻辣诱人

黄豆焖猪尾

视觉享受：★★★★
味觉享受：★★★★
操作难度：★★★★

菜品特点
味道极佳
营养丰富

主料： 猪尾1根，黄豆100克

配料： 盐15克，葱、姜、蒜各10克，生抽、老抽、南乳各10克，八角2粒，花椒20粒，桂皮5克，黄豆酱20克，草果1个，香叶4片，植物油、料酒各适量

操作步骤

①黄豆提前泡发；猪尾上的猪毛清理干净后切段；葱切段；姜切片；蒜拍碎；黄豆酱和南乳以2∶1的比例调和均匀制成酱汁。

②锅中放油烧热，加入蒜、葱、姜爆香，放入猪尾，大火爆炒，加料酒去腥，加少许老抽、适量生抽，翻炒至均匀上色，倒入混合好的酱汁，翻炒均匀。

③将全部材料转入砂锅中，加没过材料一半的水，倒入黄豆，投入料包（内装八角、花椒、桂皮、草果、香叶），盖上盖儿，大火煮开后转小火焖40分钟。

④加盐调味即可。

操作要领

黄豆如果没有提前泡好，可以先炒香再洗干净，然后焖煮也会比较容易烂。

营养贴士

此菜具有美白、排毒、降糖、软化血管、补钙、防癌、强身健体、益智的功效。

视觉享受：★★★★ 味觉享受：★★★★★ 操作难度：★★★★

糖醋里脊

TIME 20分钟

菜品特点：酸甜味美 外酥里嫩

主料： 猪里脊300克

配料： 青豆30克，胡萝卜片10克，盐、胡椒粉各3克，淀粉15克，番茄沙司30克，葱末、蒜末各5克，面粉、白糖、料酒、醋、植物油各适量

操作步骤

①猪里脊洗净切粗条，加盐、胡椒粉、料酒抓匀腌20分钟；青豆用开水焯2分钟；醋、白糖、料酒、盐、少许水和淀粉混合成调味汁。

②面粉和淀粉混合，倒入适量水调成粉浆，倒入肉中，抓匀后加少许油拌匀。

③锅中放油，烧至六成热，转中小火，逐个放入肉条，炸1分钟左右捞出沥油。

④加热锅中油至八成热，倒入肉条复炸至表面金黄色后捞出沥油。

⑤锅中留底油烧热，加葱末、蒜末爆香，加入番茄沙司炒香，加入调味汁煮至浓稠，倒入里脊条和青豆、胡萝卜片，快速翻炒均匀即可。

操作要领

猪里脊肉想要做到外焦里嫩，一定要用六成油温先炸定型，待油温升高后再复炸1~2遍。

营养贴士

此菜具有补血、健脑、促发育等功效。

主料： 熟猪肥肠、豌豆各250克

配料： 猪油75克，鲜汤750克，胡椒粉、味精各2克，盐适量

操作步骤

①熟肥肠切成段。

②炒锅置旺火上，放猪油烧至七成热时，将豌豆放入炒香，加盐、鲜汤、味精、胡椒粉、肥肠段，同豌豆一起煮出香味即可。

操作要领

吃的时候，可搭配上一小碟红油辣椒。

营养贴士

豌豆味甘、性平，具有益中气、止泻痢、调营卫、利小便、消痈肿、解乳石毒的功效。

视觉享受：★★★ 味觉享受：★★★★ 操作难度：★★★★

豌豆肥肠汤

TIME 2小时

菜品特点：鲜香味浓

红烧肉

TIME 3小时

视觉享受：★★★★
味觉享受：★★★★
操作难度：★★★★

主料： 五花肉500克

配料： 姜5片，草果1个，八角8粒，盐5克，料酒15克，枸杞子、干辣椒、冰糖、老抽、生抽、味精、植物油各适量

操作步骤

①五花肉洗净，切块，加料酒浸泡1小时，捞出沥干。

②锅里放油，烧热，放入肉块，煸炒至微黄；放入干辣椒、草果、八角、姜片、枸杞子，炒出香味；加入料酒，炒几下，再放老抽、生抽，翻炒炒匀。

③倒入开水，淹没肉，转入砂锅，煨2小时；再转入炒锅，加盐，放冰糖大火收汁，晃动锅，不要翻动。

④到汤汁均匀地裹在肉上，加味精提味即可。

操作要领

冰糖放在最后收汁的时候用，会起到增色、增香、提亮的作用。

营养贴士

此菜具有防癌抗癌、增强体质、促进血液循环、促消化、抗菌、解热、祛痰的功效。

视觉享受：★★★ 味觉享受：★★★★ 操作难度：★★★

野山笋烧花肉

主料： 野山笋、五花肉各适量

配料： 姜片、香葱、盐、生抽、老抽、香醋、鸡粉、油各适量

操作步骤

①将野山笋笋头老的一部分去除，放入滚水中焯至断生，捞出切片；五花肉切片；香葱切段。

②锅里放少许油，小火将五花肉煸干，然后将肉推至一边，放入姜片爆香。

③加入适量的清水，放入野山笋，调入盐、生抽、鸡粉，烧煮约2分钟使笋入味，最后放入少许香醋、老抽炒匀，放入葱段即可。

操作要领

放了老抽和生抽，盐要酌情放。

营养贴士

笋有促进肠道蠕动、帮助消化、去积食、防便秘、预防大肠癌的功效。

主料： 排骨750克

配料： 盐8克，葱末10克，大蒜1头，生抽5克，花椒粉、姜粉各2克，料酒少许，淀粉、植物油各适量

操作步骤

①排骨斩成5厘米长的段，洗净在清水中泡30分钟，捞出控净水。

②大蒜去皮放少许水用搅拌器打成泥状，然后和葱末、姜粉、花椒粉、料酒、生抽、盐、淀粉一起拌入排骨中，腌2小时以上。

③锅烧热倒入植物油，烧到三成热，放入排骨，中小火炸3分钟，慢慢浸熟，捞出。

④大火再将油烧至八成热，放排骨炸半分钟，排骨颜色呈柿红色时捞出控油即可。

操作要领

第一遍炸完，可用漏勺捞去油中的浮沫和渣滓再炸第二遍，以保证排骨的颜色漂亮。

营养贴士

此菜有润肺、养肾的功效。

视觉享受：★★★ 味觉享受：★★★★ 操作难度：★★★★

蒜香排骨

湘西酸肉

TIME 60 分钟

视觉享受：★★★
味觉享受：★★★★
操作难度：★★★

主料： 肥猪肉 750 克，玉米粉 100 克

配料： 蒜苗段 25 克，干辣椒末 15 克，花生油 50 克，精盐 30 克，花椒粉 7 克，肉清汤 200 克

操作步骤

①将肥猪肉烙毛后刮洗干净，滤去水切成 7 厘米长、15 厘米宽的大块，用精盐（一半）、花椒粉腌 5 小时；再加玉米粉和剩下的精盐与猪肉拌匀，盛入密封的坛内，腌 15 天即成酸肉。

②将粘附在酸肉上的玉米粉扒放在瓷盘里；酸肉切成 5 厘米长、3 厘米宽、0.7 厘米厚的片。

③炒锅置旺火上，放入花生油烧至六成热，放入酸肉、干辣椒末煸炒 2 分钟，酸肉渗出油后，用手勺扒到锅边，下玉米粉炒成黄色，再与酸肉合并。

④倒入肉清汤，焖 2 分钟，待汤汁稍干，放入蒜苗段炒几下即可。

操作要领

炒玉米粉底油不可过多，如油多可倒出。

营养贴士

蒜苗含有蛋白质、胡萝卜素、维生素 B_1、维生素 B_2 等营养成分。

视觉享受：★★★★ 味觉享受：★★★★★ 操作难度：★★★★

笋烧排骨

TIME 40 分钟

菜品特点：咸香味美 四季皆宜

主料： 猪小排 500 克，毛竹笋 1 棵

配料： 植物油、姜片、蒜瓣、老抽、料酒、盐、糖、醋各适量

操作步骤

①在毛竹笋表皮上划一刀，去表皮后洗净，切成 4 块，在沸水锅焯水后捞起，冷水冲洗后切块。

②排骨用清水浸泡 2 小时，滤去血水后沥干。

③热油锅爆香姜片、蒜瓣，放入排骨翻炒至水分变干，肉色变白，加老抽翻炒上色，放入笋块一起翻炒。

④加热水淹没食材，大火煮开后转小火慢炖；中途加料酒、盐、糖、少量醋，收干汁即可。

操作要领

毛竹笋一定要事先焯水，去除涩味。

营养贴士

竹笋含有丰富的蛋白质、氨基酸、脂肪、糖类、钙、磷、铁、胡萝卜素和维生素。

主料： 牛里脊肉 200 克，芝麻 100 克

配料： 鸡蛋黄液 60 克，植物油 500 克（实耗 50 克），料酒 5 克，胡椒粉、味精各 1 克，盐 2 克，小麦面粉 10 克

操作步骤

①将牛里脊肉顶丝切成 3 块，用刀背砸成饼状；芝麻洗净控去水分。

②里脊“饼”上先洒上少许料酒，再均匀地撒胡椒粉、盐、味精，用手拍一拍，然后在其表面先拍上小麦面粉，再顺序沾上鸡蛋黄液、芝麻后，用手拍实。

③锅放油，上旺火，下里脊“饼”炸，牛肉炸呈金黄色时捞出，然后切成条即可。

操作要领

牛里脊肉须先裹匀面粉，再裹蛋液，否则难以沾上芝麻。

营养贴士

牛肉是冬季的补益佳品，寒冬食牛肉可暖胃。

视觉享受：★★★★ 味觉享受：★★★★★ 操作难度：★★★

芝麻牛排

TIME 30 分钟

菜品特点：色呈金黄 鲜嫩清香

当归山药炖羊肉

视觉享受：★★★
味觉享受：★★★★★
操作难度：★★★

TIME 60分钟

主料： 羊肉（肥瘦）600克，山药200克，当归50克

配料： 枸杞子适量，姜片15克，盐5克，味精3克，胡椒粉2克

操作步骤

①羊肉切块，焯水；山药去皮，切滚刀块，焯水。

②将羊肉、当归、姜片、枸杞子入炖锅内，小火炖30分钟，再加山药，炖至山药熟透，最后用盐、味精、胡椒粉调味即可。

操作要领

要掌握好炖制时间，防止肉不烂或山药过烂。

营养贴士

此菜可作冬季养生、气血双补、肾调养调理之用。

湖南小炒肉

主料： 鲜猪肉300克，青椒150克

配料： 姜、蒜各少许，盐、鸡精、酱油、植物油各适量

操作步骤

①猪肉切薄片；青椒切菱形片；姜、蒜切成末。

②锅入植物油烧热，放入姜、蒜炒香，加入猪肉煸炒至八成熟时加入青椒、酱油、盐一起煸炒至熟，最后加入鸡精调味即可。

操作要领

猪肉最好选用有肥有瘦的，纯瘦肉做不出此菜的风味。

营养贴士

猪肉含有丰富的蛋白质及脂肪、碳水化合物、钙、磷、铁等营养成分。

主料： 干茶树菇、五花肉各适量

配料： 色拉油、食盐各少许，葱、姜、八角、料酒、老抽、白糖、豆豉各适量

操作步骤

①干茶树菇用温水泡发并冲洗干净；五花肉放清水中浸泡10分钟，水中倒入小半杯的料酒去腥；葱洗净，一半切片，一半切花；姜切片。

②铁锅里放少许油，放入五花肉小火煸炒，倒入料酒，加入老抽，放入葱片、姜片和八角，加入温热的水，大火烧开转小火炖。

③放入茶树菇，等肉炖至熟烂，加入适量白糖和食盐，再加入适量豆豉调味，撒上葱花即可。

操作要领

加了豆豉的肉味道独特，很香，而且豆豉很咸，可以不用加盐或少加盐。

营养贴士

此菜具有抗衰老、防癌的功效。

视觉享受：★★★ 味觉享受：★★★★ 操作难度：★★★★

茶树菇炖花肉

TIME 60分钟

清炖羊肉

TIME 2小时

视觉享受：★★★
味觉享受：★★★★
操作难度：★★★★

主料： 羊肉500克，土豆、胡萝卜各2个

配料： 姜1块，葱白1段，盐、花椒、白胡椒粉各适量

操作步骤

①将羊肉剁成2.5厘米见方的块，用开水氽去血污，洗净；土豆、胡萝卜去皮后切大块；葱白切小段；姜切大块拍碎。

②羊肉放入汤煲，加适量的水，加入适量花椒（怕吃花椒的可以用纱布包起来），大火加热，再将所有材料都加到汤煲中，大火烧开，去泡沫，转中小火慢煲1小时以上，出锅后酌量加盐和白胡椒粉即可。

操作要领

花椒可以去除羊肉的膻味。

营养贴士

此菜有美容、明目、降糖、抗衰老、安神、养胃、消食、强身健体的功效。

视觉享受：★★★ 味觉享受：★★★★ 操作难度：★★★★

菠萝牛肉

TIME 35分钟

主料： 嫩牛肉250克，菠萝1个

配料： 木耳1朵，葱白少许，植物油、料酒、酱油、白糖、淀粉、精盐各适量

操作步骤

①嫩牛肉切片，用料酒、酱油、白糖、淀粉略腌20分钟；木耳泡发洗净，撕成小朵。

②菠萝切片；葱白切花备用。

③锅入植物油烧热，放入牛肉、木耳爆炒后再放入菠萝，加入酱油、精盐、淀粉，待肉吸汁后再加入葱花即可。

操作要领

注意不要将牛肉炒得太老，不然不爽口。

营养贴士

菠萝含有大量的果糖、葡萄糖、维生素B、维生素C、磷、柠檬酸和蛋白酶等物质。

主料： 熟羊肚、熟羊肺、熟羊肝、熟羊头肉各150克，鲜金针菇100克

配料： 干辣椒6个，葱末、姜末各5克，红油豆瓣10克，豆豉20克，高汤500克，火锅底料1/4袋，盐、味精、鸡精、花生油、香菜各适量

操作步骤

①羊肚、羊肝、羊肺、羊头肉分别切0.3厘米厚的片；金针菇洗净；香菜洗净切段。

②锅放底油烧至四成热，下入红油豆瓣、干辣椒、葱末、姜末、豆豉及火锅底料，大火炒香后再放入羊杂煸炒2分钟，加入高汤及盐、味精、鸡精调味，大火烧开后盛入锅仔中。

③将锅仔带火上桌，上桌时将鲜金针菇立放于锅中，撒上香菜即可。

操作要领

此菜所用的高汤需用羊骨头熬制，口味更正。

营养贴士

羊杂有益精壮阳、健脾和胃、养肝明目、补气养血的功效。

视觉享受：★★★★ 味觉享受：★★★ 操作难度：★★★

锅仔金菇羊杂

TIME 30分钟

四川炒猪肝

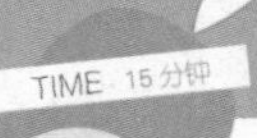

视觉享受：★★★
味觉享受：★★★★★
操作难度：★★★★

主料： 猪肝 500 克

配料： 洋葱 200 克，干辣椒、花椒、红油、姜、蒜、盐、味精、植物油各适量

操作步骤

①猪肝在水龙头下反复冲洗至没有血水，然后在清水中泡 30 分钟，取出切成片状，再用水反复冲洗至没有血水后投入沸水中，1~2 分钟后用漏勺捞起，用凉水冲凉沥干待用。

②洋葱洗净剥去外皮，切成粗丝；干辣椒切碎；姜、蒜切末。

③锅倒植物油烧热，放入姜末、蒜末、花椒、干辣椒炒香，放入猪肝爆炒，加入洋葱翻炒至八成熟时，加入盐、味精、红油，翻炒至熟即可。

操作要领

为避免猪肝过老，口味不正宗，用沸水煮和爆炒时间都不宜过长。

营养贴士

肝脏是动物体内储存养料和解毒的重要器官，含有丰富的营养物质，具有营养保健功能，是最理想的补血佳品之一。

红油肚丝

主料： 熟猪肚300克

配料： 植物油、盐、辣椒面、生抽、香醋、花椒粉、鸡精、葱花各适量

操作步骤

①猪肚切丝，摆盘备用。

②取一碗，加入适量的盐、花椒粉、生抽、鸡精、香醋，搅拌均匀，调成料汁；辣椒面加入一点温水搅拌均匀。

③锅中放油，烧热后关火，稍凉后倒入辣椒糊中，搅拌均匀成红油。

④红油倒入料汁中拌匀，倒入肚丝中，撒上葱花即可。

操作要领

辣椒面加入一点水后再泼上热油，辣椒面就不会煳。

营养贴士

猪肚具有治疗虚劳羸弱、泄泻、下痢、消渴、小便频数、小儿疳积的功效。

主料： 牛通脊肉240克

配料： 大葱1根，木耳1朵，蒜片、姜末、料酒、白胡椒粉、生抽、蚝油、十三香（或五香粉）、湿淀粉、食用油、盐、味精、熟芝麻各适量

操作步骤

①牛肉冲洗切成薄片，用适量的料酒、十三香、生抽、蚝油、白胡椒粉、湿淀粉、食用油腌渍20分钟入味解腥；大葱改刀，少许切葱花，剩余的切葱段；木耳泡发洗净撕成片。

②锅中倒少许油爆香葱花和蒜片、姜末，放入腌好的肉片，迅速煸炒至变色，放入葱段、木耳翻炒，加盐、味精、熟芝麻，翻炒均匀后出锅。

操作要领

全程大火操作，动作要快，否则牛肉会老。

营养贴士

大葱能降血脂、降血压、降血糖；牛肉可以补铁，增强体质。

爆炒牛肉

罗汉肚

TIME 2小时

主料： 猪肚、猪肉、猪肘各500克，猪肉皮250克

配料： 口蘑50克，八角20克，葱、姜各30克，料酒、酱油、醋各50克，花椒、五香粉各10克，桂皮15克，盐30克，白糖25克，味精6克，鸡汤适量

操作步骤

①葱切段；姜、口蘑切片；猪肚去油脂，洗净黏液，沥干后用盐、葱、姜和花椒拌匀腌好；刮净肘头和肉皮上的毛，放入开水烫透，捞出洗净。

②锅中放鸡汤，加葱、姜、八角、桂皮、料酒、醋、白糖和盐，放猪肉、猪肘、肉皮煮开，去浮沫，小火炖至八成熟捞出晾凉，肉、肘切片，肉皮切丝。

③口蘑片、猪肉片、肘片、肉皮丝放入盆中，加葱、姜、味精、五香粉拌匀，装入猪肚，用竹签封口，放入开水中烫一下。

④原煮锅加水、酱油，放入猪肚煮熟，捞出沥干，压扁晾凉后拆去竹签切片即可。

操作要领

炖煮猪肉、肘头、肉皮时，火力不可过大，应用小火慢慢煨透，这样肉容易进味。

营养贴士

此菜具有益胃健脾、止泻消渴、助气壮力的功效，产妇常食可增加食欲。

视觉享受：★★★★ 味觉享受：★★★★ 操作难度：★★★

红烧丸子

TIME 40 分钟

主料： 新鲜猪肉末、白菜心、黄花菜（干）各适量

配料： 鸡蛋、淀粉、面粉、葱、姜、蒜、盐、酱油、料酒、味精、油、高汤各适量

操作步骤

①猪肉末加鸡蛋、淀粉、面粉、盐、料酒、酱油搅拌均匀，挤成核桃大小的丸子，温油炸至丸子全部浮在油面且呈金黄色，捞起备用。

②白菜心、黄花菜洗净；葱、姜、蒜切片。

③炒锅上火，倒入适量油，放入葱、姜、蒜炒出香味，下入白菜心炒至断生，放适量高汤，下入丸子，加盐、料酒、酱油调味，大火烧沸后放入黄花菜，改小火烧至丸子酥烂，放味精调好口味，用水淀粉勾芡即可。

操作要领

因为丸子中放有盐，在烧制时要掌握好盐的用量。

营养贴士

黄花菜有较好的健脑、抗衰老功效，对增强大脑功能有重要作用。

主料： 猪腰 500 克，蒜苗 100 克

配料： 泡红椒 2 个，蒜 2 瓣，植物油、盐、鸡精、醋、酱油各适量

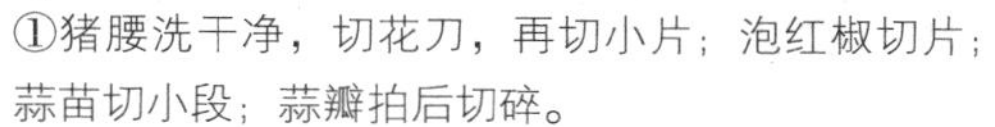

操作步骤

①猪腰洗干净，切花刀，再切小片；泡红椒切片；蒜苗切小段；蒜瓣拍后切碎。

②腰花下热油锅炒至七八成熟，捞起。

③锅内留底油，烧热后，将泡椒、蒜末和蒜苗一起下锅爆香，加少许盐，将之前炒过的腰花倒入一起炒，加入适量盐、鸡精、酱油、醋，翻炒均匀，出锅即可。

操作要领

若家中有孕妇，处理腰花时一定要将肾上腺割除干净。

营养贴士

老年人常服动物肾脏，有强身抗衰的作用。

视觉享受：★★★ 味觉享受：★★★★ 操作难度：★★★

烹炒凤尾腰花

TIME 50 分钟

皮蛋牛肉粒

TIME 30分钟

主料： 牛肉200克，皮蛋1个

配料： 油炸花生米（去皮）、青椒、红椒、洋葱各50克，豆豉酱15克，食盐、白糖各5克，鸡精3克，白醋、料酒各适量，橄榄油少许

操作步骤

①牛肉洗净，切成小块，用料酒、食盐腌渍15分钟；皮蛋、青椒、红椒、洋葱改刀，切成与牛肉大致相当的块。

②牛肉放入沸水锅中焯熟，沥干水分，晾凉。

③所有食材放入碗中，加入豆豉酱、白醋、鸡精、白糖、食盐、橄榄油，拌匀即可。

操作要领

牛肉也可以买已经卤制好的。

营养贴士

牛肉含有丰富的蛋白质、氨基酸，具有补脾胃、益气血、强筋骨、消水肿等功效。

禽蛋类

蕨菜炖鸡

TIME 2小时

菜品特点

营养丰富 味道鲜美

视觉享受：★★★★
味觉享受：★★★★★
操作难度：★★★★

主料： 土仔鸡半只，干蕨菜150克

配料： 生姜1块，盐、味精各适量

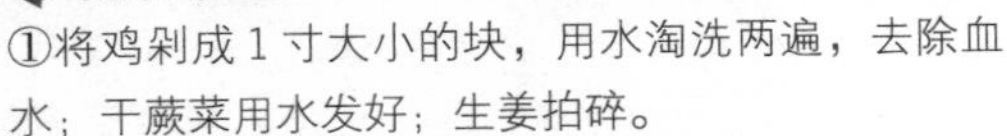

操作步骤

①将鸡剁成1寸大小的块，用水淘洗两遍，去除血水；干蕨菜用水发好；生姜拍碎。

②锅内加水，除了盐和味精外，将其他的材料一起下锅，大火烧开后改中火熬制；40分钟后加盐和味精，再炖20分钟即可。

操作要领

鸡肉不用飞水，这样汤比较好喝。水开的几分钟内，打打汤面上的浮沫。

营养贴士

鸡肉肉质细嫩、滋味鲜美、富有营养，有滋补养身的作用。

视觉享受：★★★ 味觉享受：★★★★★ 操作难度：★★★

雪耳灵芝炖乌鸡

TIME 3小时

菜品特点：软烂滑润 营养滋补

主料： 净乌鸡1只（约600克），水发雪耳100克，灵芝1个

配料： 枸杞子15克，冰糖50克，精盐2克

操作步骤

①将锅内放清水，下入灵芝、雪耳、冰糖煮开。

②下入净乌鸡煮开，撇净浮沫，炖至熟烂。

③下入枸杞子、精盐略炖，装碗即成。

操作要领

此菜要用小火慢炖。

营养贴士

乌鸡性平、味甘，具有滋阴清热、补肝益肾、健脾止泻等作用。

主料： 活鸽1只，大红枣适量

配料： 黑木耳20克，咸肉片、食盐、鸡精、料酒、麻油、葱段、姜片各适量

操作步骤

①鸽子活杀，处理干净，切大块，放入锅内，加足量水，倒入料酒、葱段、姜片，煮40分钟。

②放入泡发的木耳、咸肉片、大红枣，继续煮至鸽肉熟软。

③加食盐、鸡精调味，淋一勺麻油提香即可。

操作要领

鸽子要用热水烫透，才好煺毛。

营养贴士

常吃鸽肉能治疗神经衰弱，增强记忆力。

视觉享受：★★★ 味觉享受：★★★★ 操作难度：★★★

大枣鸽子汤

TIME 45分钟

菜品特点：营养丰富 肉质细嫩

双菇烧鹌鹑蛋

TIME 30分钟

主料： 鹌鹑蛋10克，蘑菇、水发香菇各100克

配料： 鲜菜心100克，番茄1个，精盐、味精、淀粉、鸡汤、鸡油各适量

操作步骤

①将鹌鹑蛋磕入调羹内，上笼蒸约3分钟；水发香菇、蘑菇分别切成片；番茄去皮，切成6瓣备用。

②炒锅上旺火，加入鸡汤，放入香菇、蘑菇、鲜菜心，加精盐、味精烧沸，然后将鲜菜心、香菇、蘑菇拣入盘内，再将蒸熟的鹌鹑蛋放在鲜菜心上面待用。

③锅中放入番茄，用淀粉勾芡，淋入鸡油，浇在菜上即可。

操作要领

用刀先将番茄的皮轻轻割开呈橘瓣状，在沸水中泡40秒，皮就会自动裂开，再入冷水中，冷却后即可去皮。

营养贴士

鹌鹑蛋被人们誉为延年益寿的“灵丹妙药”。

视觉享受：★★★★ 味觉享受：★★★★ 操作难度：★★★

苦瓜银鱼煎鸡蛋

主料： 苦瓜1根，银鱼50克，鸡蛋3个

配料： 盐2克，水淀粉5克，胡椒粉1克，葱花、姜末、植物油各适量

操作步骤

①苦瓜去籽后切碎；银鱼用清水浸泡洗净；鸡蛋搅打均匀。

②把主料和配料（不含植物油）一起放到盆中，搅拌均匀成糊状。

③锅中放油烧热，把锅溜一遍，再次烧热，倒入搅拌均匀的糊状材料。

④一面煎黄，翻面煎另一面，直至熟透即可装盘。

操作要领

炒制时要避免鸡蛋粘锅。

营养贴士

苦瓜有清暑解渴、降血压、养颜美容、促进新陈代谢等功效。

主料： 光鸭400克

配料： 八角6颗，葱2根，姜1块，盐、料酒、花椒粒各适量

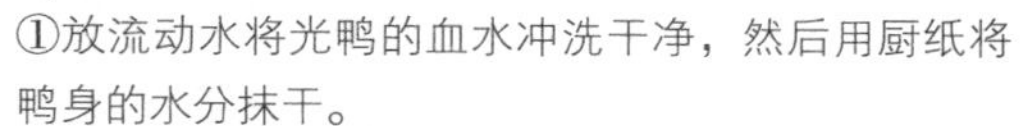

操作步骤

①放流动水将光鸭的血水冲洗干净，然后用厨纸将鸭身的水分抹干。

②在锅中放入盐、花椒粒和八角，炒出香味，趁热将盐抹匀鸭身；用保鲜袋将鸭子包好放进冰箱腌渍2小时。

③锅里烧火，放入盐、葱、姜、八角和料酒，烧开制成卤，关火，将腌过的鸭子放进锅里浸泡2小时后烧开，撇去浮沫后关火，盖上盖子焖20分钟；开火将水再次烧开，再关火继续焖20分钟，用筷子顺利插透肉厚部位即可。

④捞出滤干，晾凉，斩件，即可上碟。

操作要领

烹煮鸭子不要用明火炖煮，采用反复焖的方法将鸭子焖熟，更入味、口感更好。

营养贴士

此菜具有降血压、增进食欲、除寄生虫的功效。

视觉享受：★★★ 味觉享受：★★★★★ 操作难度：★★★★

南京盐水鸭

干锅鸭头

TIME 100 分钟

视觉享受：★★★★
味觉享受：★★★★★
操作难度：★★★★

主料： 鸭头 700 克

配料： 青、红椒各 1 个，洋葱 100 克，香菇 20 克，油、盐、干辣椒、八角、桂皮、葱、姜、草果、香叶、酱油、卤汤、花椒各适量

操作步骤

①鸭头洗净泡 1 小时，焯水，用清水冲去浮沫；青、红椒洗净去蒂切丝；香菇洗净泡发，切丝；洋葱洗净，去皮切丝。

②将八角、桂皮、香叶、花椒、干辣椒、草果、葱、姜用纱布包成调料包，和鸭头一起放入汤锅中，加入酱油、卤汤，大火烧开，转小火焖 30 分钟；将鸭头取出，晾干表面水分。

③另起锅，倒入油，下入干辣椒和花椒炒香，下入洋葱丝、青椒丝、红椒丝和香菇丝，翻炒均匀；加入酱油、盐、卤汤及适量水烧开，下入卤制好的鸭头（先用刀劈成两半），翻炒均匀后倒入干锅中，继续加热即可食用。

操作要领

喜欢辣一些的，可以在炒香干辣椒的同时，加入适量的郫县辣酱同炒。

营养贴士

此菜可去湿开胃、理气、舒血、滋补。

视觉享受：★★★ 味觉享受：★★★★ 操作难度：★★★

脆椒鸡丁

TIME 30分钟

菜品特点
干香脆爽
香辣适中

主料： 鸡胸脯肉500克

配料： 葱段、姜片、干辣椒、花雕酒、干淀粉（豌豆）各10克，盐3克，味精2克，花生油30克

操作步骤

①鸡胸脯肉洗净切丁，加盐腌渍入味，拍上干淀粉，放入六七成热的油中，炸至金黄色捞出；干辣椒洗净切段。

②锅中留少许油，爆香葱段、姜片，加干辣椒、鸡丁及各种调味料，炒匀即可。

操作要领

炸时要注意火候，翻炒要快速。

营养贴士

鸡胸脯肉蛋白质含量较高，且易被人体吸收利用，有增强体力、强壮身体的作用。

主料： 鸭肠500克

配料： 豆芽150克，葱、姜、蒜各少许，酱油、湿淀粉、花椒、辣椒酱、料酒、醋、胡椒粉、盐、植物油、香菜段各适量

操作步骤

①将鸭肠洗净后用旺火、开水迅速烫透，捞出散开晾凉，再切成5厘米长的段；葱剖开切2厘米长的段；姜、蒜切片；豆芽洗净，用热水焯一下，放在盘底。

②用酱油、湿淀粉、料酒、醋、盐、胡椒粉兑成汁。

③锅烧热倒油，先把花椒炸糊后捞出弃掉，再下入辣椒酱，然后下鸭肠、葱、姜、蒜翻炒并将兑好的汁倒入，待汁开时，再翻炒几下，撒上香菜段，出锅盛到放有豆芽的盘中即可。

操作要领

洗鸭肠的方法：将鸭肠放在一个容器中，用盐揉搓掉肠液，再用水漂洗干净。

营养贴士

鸭肠富含蛋白质、B族维生素、维生素C和钙、铁等微量元素，对人体新陈代谢和视觉的维护有良好的作用。

视觉享受：★★★ 味觉享受：★★★★★ 操作难度：★★★★

麻辣鸭肠

TIME 15分钟

菜品特点
味道麻辣
脆嫩鲜香

棒棒鸡丝

TIME 20分钟

视觉享受：★★★★
味觉享受：★★★★
操作难度：★★★★

主料： 鸡胸脯肉250克

配料： 大葱、姜片、鸡精、生抽、香油、白糖、花椒粉、芝麻酱、辣椒油、熟芝麻各适量

操作步骤

①大葱按葱白和葱叶切丝。

②鸡肉放入锅中，加水（没过鸡肉），加入姜片，大火煮10分钟左右，熟后捞起，放入冰水中片刻，捞起沥干，用擀面杖轻敲鸡肉，使鸡肉松软，然后用手撕成细丝，上面放上葱丝。

③将白糖、生抽、花椒粉、香油、辣椒油、鸡精放在一个小碗里，搅匀成料汁，淋在鸡肉上，再淋上芝麻酱，洒上少量熟芝麻即可。

操作要领

为了防止鸡肉敲打的时候四处溅，可以装在一个保鲜袋里面。

营养贴士

此菜有消食、强身健体、养肾、增强抵抗力的功效。

视觉享受：★★★★ 味觉享受：★★★★★ 操作难度：★★★★

口水鸡

TIME 50分钟

菜品特点：口感松嫩 香辣适中

主料： 三黄鸡750克

配料： 姜末、蒜末、葱末各10克，料酒30克，麻油5克，花椒3克，白糖15克，味精2克，辣椒油、香油、盐、醋、炖鸡料、香菜各适量

操作步骤

①三黄鸡去毛、去内脏，洗净，加盐腌渍10分钟；香菜洗净备用。

②锅中倒入清水，放葱末、姜末、花椒、料酒，大火烧开；放入鸡肉，加炖鸡料，转中小火煮20分钟左右至熟，捞出，放入水中稍浸至凉，捞出沥干，切好装盘。

③锅热后放入麻油，姜末、蒜末放入锅中炒香，加入辣椒油、香油，小火烧热，加入白糖、醋、味精炒成油。将油浇入鸡块中，撒上香菜即可。

操作要领

鸡肉炖熟后，放入水中稍浸至凉，可使皮质细腻、紧滑，口感极好。

营养贴士

此菜有温中补脾、益气养血、补肾益精等功效。

主料： 鸡肝、鸡胗、鸡心、鸡肠各适量

配料： 青、红尖椒各4个，泡辣椒6个，香芹少许，姜、蒜、料酒、老抽、郫县豆瓣、白胡椒粉、白糖、植物油、淀粉、花椒、味精各适量

操作步骤

①将鸡胗切片后切花刀；鸡心、鸡肝切片；鸡肠切成段；香芹摘去老叶后切成段；辣椒全部切滚刀块；姜、蒜切片。

②将适量老抽、淀粉、花椒、料酒、白胡椒粉、白糖倒入切好的鸡杂内调拌均匀，腌渍15分钟。

③炒锅内倒油，油热后放入花椒，爆香后捞出扔掉，再放入蒜片、姜片、郫县豆瓣炒香，倒入鸡杂，大火爆炒至略微变色后放入所有辣椒一起翻炒，最后放入香芹炒匀，调入少许味精即可起锅。

操作要领

鸡杂买回家后要反复清洗几遍，把多余的脂肪、血管剪掉。

营养贴士

此菜具有润肺、益气补血、美容养颜等功效。

视觉享受：★★★ 味觉享受：★★★★ 操作难度：★★★★

川爆鸡杂

TIME 30分钟

菜品特点：色泽艳丽 营养丰富

铁锅飘香鸡

视觉享受：★★★
味觉享受：★★★★
操作难度：★★★

TIME 60分钟

菜品特点
香味浓郁
醇厚鲜美

主料： 老母鸡1000克，千张100克

配料： 素高汤2000克，盐、味精各10克，酱油4克，冰糖20克，色拉油200克，花雕酒100克，姜片、葱段、桂皮各5克，八角2粒，红油10克

操作步骤

①将老母鸡砍成5厘米见方的块，加适量盐、味精、酱油、花雕酒及葱段、姜片腌渍5个小时待用；千张切细丝。

②将腌好的老母鸡下入七成热的色拉油中小火炸2分钟，捞出，再放入素高汤中，加余下的花雕酒、盐，再加冰糖、八角、桂皮大火烧开，改小火炖30分钟，挑出八角、桂皮。

③千张丝放在干锅底，加老母鸡及原汤、味精，淋红油即可上桌。

操作要领

色拉油100克，香菜400克，去皮拍碎的大蒜瓣300克，香叶10片，水5000克，香菇10克，大火烧开，转小火煮至3000克汤去渣即成素高汤。

营养贴士

老母鸡蛋白质的含量高，种类多，且容易被人体吸收利用。

视觉享受：★★★★ 味觉享受：★★★★★ 操作难度：★★★★

捶烩鸡丝

TIME 25分钟

菜品特点 口味清淡 营养丰富

主料： 鸡脯肉300克

配料： 冬笋、水发香菇各50克，葱丝、姜丝、精盐、料酒、酱油、淀粉、香菜各适量

操作步骤

①冬笋、水发香菇洗净，均切成丝，放在沸水锅内焯烫一下，捞出沥水；香菜洗净，切成小段。

②鸡脯肉去掉筋膜，用清水浸泡片刻并洗净，擦净水分，加入少许料酒、精盐略腌。

③把鸡脯肉粘匀淀粉，放在案板上，用木槌轻轻捶打，边捶边撒上淀粉，使鸡肉延展成半透明的大薄片，再切成丝。

④锅内倒清水置火上，烧沸后放入鸡肉丝滑散，再加入冬笋丝、香菇丝调匀。

⑤然后加入葱丝、姜丝、精盐、料酒、酱油烧至汤汁浓稠，撒入香菜段即可。

操作要领

鸡脯肉一定要把筋膜去干净，不然肉质不够嫩。

营养贴士

鸡肉有益五脏、补虚损、补虚健胃、强筋壮骨、活血通络、调月经、止白带等作用。

视觉享受：★★★★ 味觉享受：★★★★ 操作难度：★★★

炸鸡球

TIME 30分钟

菜品特点 色泽淡黄 酥脆香嫩

主料： 鸡脯肉150克，南荠（去皮）100克，猪肥肉50克

配料： 味精1克，葱末、姜末、精盐各2克，蛋清50克，面包末250克（约耗100克），绍酒5克，清汤15克，湿淀粉25克，白油750克（约耗60克）

操作步骤

①将鸡脯肉剁馅放入碗内，加蛋清、清汤搅匀，将剁成泥的猪肥肉、南荠放在鸡肉碗内，再加上湿淀粉、味精、绍酒、精盐、葱末、姜末上劲，做成直径约2.5厘米大的丸子，滚上一层面包末，待用。

②将炒勺放在微火上，加入白油，烧至四成热时将鸡球逐个放入锅内，烧至漂起，呈浅黄色时捞出放在盘内即可。

操作要领

鸡球不可炸的时间太久，否则影响口感。

营养贴士

南荠能促进人体生长发育和维持生理功能的需要，对牙齿、骨骼的发育有很大好处。

泡椒凤爪

TIME 30分钟

视觉享受：★★★
味觉享受：★★★★
操作难度：★★★

菜品特点

脆香鲜辣
开胃解腻

主料： 凤爪8个，泡椒200克

配料： 小米椒段10克，盐15克，花椒、白醋、料酒、泡椒水各适量

操作步骤

①凤爪冲洗干净，沥干水分，剁去指甲。

②锅中加适量水，放入花椒、小米椒段，煮开，放入鸡爪，倒入适量料酒，盖上盖子，煮10分钟左右，用筷子能轻松扎透即可。

③将鸡爪捞出，用凉水冲洗掉表面的油脂，然后切块，放入碗中。

④把泡椒和泡椒水倒入碗中，加盐调味。

⑤放少量白醋，加水没过鸡爪，拌匀，盖上盖子，放阴凉处或冰箱冷藏一天即可食用。

操作要领

煮鸡爪时，加花椒和料酒，可去腥提鲜。

营养贴士

此菜具有养颜护肤、祛脂降压等功效。

视觉享受：★★★★ 味觉享受：★★★★★ 操作难度：★★★★

金针菇蒸鸡腿

TIME 60分钟

菜品特点：咸甜适口 益智补脑

主料： 大鸡腿1个，金针菇10克

配料： 鲜黑木耳15克，大蒜(白皮)、姜、蚝油、盐、浓缩鸡汁、白糖各适量

操作步骤

①鸡腿洗净拭干水，斩成块状，原样摆入碟中；金针菇去根部，洗净后切半；鲜黑木耳去蒂，洗净切成细丝；大蒜、姜切成茸状。

②将适量蚝油、白糖、浓缩鸡汁、盐、清水和姜茸、蒜茸拌匀，做成酱汁。

③在鸡腿上铺一层黑木耳和金针菇，均匀地浇入一层酱汁，再盖上一层保鲜膜。

④锅内加水，烧开后放入摆好的鸡腿，加盖，大火隔水清蒸15分钟即可。

操作要领

金针菇最好先用开水焯一下，在水里放一小勺盐，可以去掉残留的硫，并能起到杀菌的作用。

营养贴士

鸡肉蛋白质的含量较高，种类多，有增强体力、强壮身体的作用。

主料： 鸭胸肉2条

配料： 青、红椒各1个，黄酱15克，生粉、料酒各5克，胡椒粉3克，盐2克，油适量，洋葱少许

操作步骤

①鸭胸肉去皮切丝；洋葱、青椒、红椒均切丝。

②鸭丝中放盐、料酒、胡椒粉抓匀，腌渍10分钟，然后倒入生粉拌匀。

③先烧热锅，倒入凉油，放入鸭丝炒变色，倒入黄酱炒匀；放洋葱丝、青椒丝、红椒丝翻炒变软即可出锅。

操作要领

炒拌有生粉的肉会粘锅，所以一定要先热锅，再放凉油，油稍微温一下就下肉丝。

营养贴士

此菜具有预防癌症、缓解疲劳、降胆固醇、舒张血管、壮阳补阴、解毒调味、发汗抑菌的功效。

视觉享受：★★★★ 味觉享受：★★★★★ 操作难度：★★★

葱爆鸭丝

TIME 45分钟

脆皮乳鸽

TIME 90分钟

主料： 乳鸽1只

配料： 八角4粒，桂皮1块，生姜（拍松）1块，蒜1瓣，黄酒25克，大曲酒50克，盐10克，味精5克，葱结、调好的麦芽糖水、植物油各适量

操作步骤

①乳鸽宰杀去毛、去内脏、去脚，洗净，放入干净锅内，加入黄酒、大曲酒、盐、味精、水1000克、葱结、姜块、八角、桂皮，烧开后转用小火烧30分钟至出香味，煮10分钟左右至熟，取出。

②将调好的麦芽糖水均匀淋在乳鸽全身，将乳鸽用铁勾挂起放在风口处吹干。

③烧热锅放入油，烧至八成热时，将乳鸽放在笊篱内，用铁勺舀油先淋入乳鸽肚内，然后持续舀油淋在乳鸽皮上至金黄色。

④斩下乳鸽头、翅膀、鸽腿，鸽身斩为数块，在盘中摆成乳鸽的形状，放蒜即可。

操作要领

乳鸽的毛和内脏要清理干净，且不能弄破肉皮，否则会影响菜品美观。

营养贴士

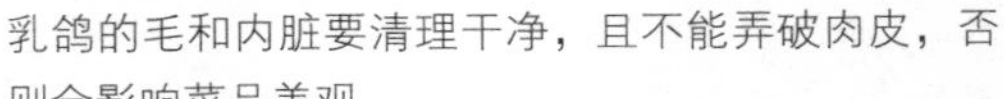
此菜具有滋补肝肾、补气血、强身健体、清肺顺气等功效。

视觉享受：★★★★ 味觉享受：★★★★ 操作难度：★★★★

香辣虎皮鹌鹑蛋

TIME 30分钟

主料： 鹌鹑蛋适量

配料： 菠菜100克，生油300克，黄酒、酱油、白糖、生粉、细盐、鲜汤、味精各适量

操作步骤

①将鹌鹑蛋放在冷水锅中，用中火煮沸，转用小火焐熟，乘热捞入冷水中激凉，剥去蛋壳，将干生粉撒入剥壳蛋中，使蛋表面沾满干生粉。

②烧热锅，放生油250克，烧至七八成热时，放鹌鹑蛋，用大火旺油炸至蛋呈金黄色、表面皱起时，倒出沥油。

③将炸好的鹌鹑蛋放入锅内，加黄酒、酱油、白糖、鲜汤、味精，烧沸后，转用小火焖烧15分钟，下水生粉勾流利芡，淋油上光即成。

④净锅烧热，放少量油烧热，用少许细盐炝锅，放菠菜迅速煸炒，加味精，待其柔软碧绿，沥去汤汁，铺在鹌鹑蛋底即可。

操作要领

煮熟的鹌鹑蛋乘热捞入冷水中激凉，使蛋肉收缩脱壳，再剥蛋壳就容易得多了。

营养贴士

鹌鹑蛋含有丰富的卵磷脂、矿物质和维生素。幼儿常食有健脑作用，并能促进生长发育。

主料： 鸡腿4个，土豆2个

配料： 鸡蛋1个，干辣椒20克，料酒、蒜丁、老抽、淀粉、油、盐、鸡精、糖、老干妈油辣椒酱、豆瓣酱各适量

操作步骤

①鸡腿洗净，剔骨，切成2厘米见方的鸡丁，用料酒、蒜丁、老抽、淀粉、鸡蛋液腌渍30分钟；土豆去皮洗净切丁；干辣椒切段。

②架起油锅，六成热时下入鸡丁，快速翻炒，至颜色微微泛白后捞出，控去多余的油，备用。

③土豆丁下油锅直接翻炒，加入豆瓣酱、老干妈油辣椒酱。

④下入鸡丁、干辣椒，将锅中食材炒匀，用适量盐、鸡精、糖调味，大火收汁即可。

操作要领

鸡丁易熟，过油时油温不宜过高，时间也不宜过长。

营养贴士

此菜具有美容、抗衰老、软化血管、安神、补钙、消食、防癌的作用。

视觉享受：★★★ 味觉享受：★★★★ 操作难度：★★★

土豆辣子鸡

TIME 40分钟

青笋鸡杂

主料： 鸡肫、肝、心、肠各2副，青笋250克

配料： 水发木耳150克，红椒1个，泡辣椒8个，老姜1块，蒜2瓣，植物油、淀粉、酱油、醋、盐、味精各适量

操作步骤

①鸡杂切片；青笋切厚片；木耳撕成小朵；红椒、老姜、蒜均切片；泡辣椒切碎。

②将盐、一半淀粉放入鸡杂中抓匀码味；另一半淀加酱油、醋、味精及水兑成芡汁。

③炒锅放植物油烧热，把鸡杂倒入锅中，过油至变色盛出。

④将锅洗净，倒入植物油，依次下姜蒜片、泡辣椒、青笋、红椒、木耳，加入适量盐，炒约2分钟再下鸡杂炒匀，勾芡，翻炒均匀即可。

操作要领

青笋一定要选用新鲜的。

营养贴士

青笋具有促进骨骼生长发育、助消化、镇痛、催眠、改善糖的代谢功能、防治缺铁性贫血等功效。

视觉享受：★★★★ 味觉享受：★★★★ 操作难度：★★★

芹黄炒鸡条

TIME 15分钟

菜品特点：清香爽口 肉质细嫩

主料： 鸡腿肉200克，芹黄100克

配料： 红辣椒1个，精盐4克，酱油、醋各5克，绍酒10克，油75克，水芡粉30克，姜丝、鲜汤各适量

操作步骤

①鸡腿肉洗净切条，加入绍酒、精盐、水芡粉拌匀；在空碗中倒入精盐、酱油、醋、绍酒、鲜汤、水芡粉兑成调味汁备用。

②红辣椒切丝；芹黄洗净切段。

③锅中热油，六成热时倒入鸡条煎炸。最后放入姜丝、芹黄和辣椒丝翻炒，烹入调味汁，汤汁收紧时即可出锅。

操作要领

芹黄不可炒太长时间，以保留嫩脆口感。

营养贴士

本菜具有增强体力、强身健体的功效。

主料： 蛤蜊、带骨鸡肉各400克

配料： 葱末、姜末、蒜末、花椒、海鲜酱油、干辣椒段、料酒、糖、盐、鸡精、植物油各适量

操作步骤

①蛤蜊放在盐水中浸泡吐沙，然后沥干备用；带骨鸡肉剁小块备用。

②油热，下葱末、姜末、蒜末、干辣椒段和花椒爆锅，下鸡肉翻炒至表皮变色后加海鲜酱油、料酒、糖继续翻炒。

③加入开水没过鸡肉焖烧至熟，锅内剩少许汤汁时，下蛤蜊翻炒，根据口味调入盐、鸡精出锅。

操作要领

蛤蜊不用炒很久，炒到蛤蜊全大开口即可。

营养贴士

蛤蜊低热能、高蛋白、少脂肪，能防治中老年人慢性病。

视觉享受：★★★ 味觉享受：★★★★★ 操作难度：★★★★

蛤蜊烧鸡块

TIME 20分钟

菜品特点：肉质鲜嫩 香味浓郁

大千子鸡

TIME 30分钟

视觉享受：★★★★
味觉享受：★★★★★
操作难度：★★★

菜品特点
细嫩滑润
独具风味

主料：嫩公鸡800克

配料：青、红椒各3个，蒜4瓣，酱油、蛋清、太白粉、味精、糖、醋、糖色、盐、麻油、色拉油各适量，姜片、葱段各少许

操作步骤

①将鸡剁成块，用酱油、蛋清、太白粉拌匀备用，青、红椒切成同鸡块大小的片状；蒜切成片。

②色拉油入锅烧至七成热，鸡块过油，至熟捞起沥干。

③锅中少量留油，用青椒、红椒、蒜片、姜片、葱段爆锅，再倒入鸡块与酱油、味精、糖、醋、糖色、盐、太白粉、麻油迅速翻炒均匀。

操作要领

鸡块过油至熟即可，不可过久。

营养贴士

嫩公鸡的鸡肉占体重的60%左右，含有丰富的蛋白质和磷酸，所以嫩公鸡的肉营养价值更高。

野山椒鸡胗

主料： 鸡胗350克，盐水野山椒（泡椒）50克

配料： 花椒4克，姜丝、葱丝各5克，料酒10克，盐、味精各2克

操作步骤

①将鸡胗加葱丝、姜丝、花椒、料酒、盐蒸熟；盐水野山椒去蒂。

②将熟鸡胗取出凉透，切片；花椒放入热油锅内炸出花椒油待用。

③将鸡胗加野山椒、花椒油、味精、少许盐拌匀，装盘即可。

操作要领

鸡胗要新鲜，切得要薄一些。

营养贴士

据《本草纲目》记载，鸡胗有消食导滞、帮助消化的作用。

主料： 鸡柳80克，香椿芽适量

配料： 鸡蛋2个，面粉、料酒、盐、油、椒盐各适量

操作步骤

①鸡柳肉切成大片，放入碗中，加一点料酒和盐腌一会儿；香椿芽切成末。

②鸡蛋打入另一碗中，加入面粉、油及少量水调匀，再放入切好的香椿芽和腌好的鸡柳，拌匀。

③锅中倒入足量油，一条一条地放入鸡柳（油温不要太高），炸熟捞出，再入锅复炸至金黄色，蘸椒盐即可食用。

操作要领

鸡柳肉的筋比较少，所以要切得薄一点。

营养贴士

香椿芽营养丰富，并具有食疗作用。主治外感风寒、风湿痹痛、胃痛、痢疾等。

香椿炸鸡柳

板栗烧鸡

视觉享受：★★★★
味觉享受：★★★★★
操作难度：★★★

主料： 鸡肉400克，板栗100克

配料： 青、红椒各1个，葱、姜各15克，料酒、生抽、老抽各30克，植物油适量

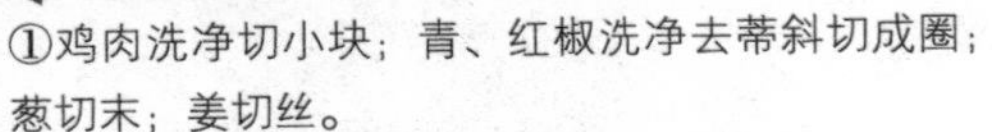

操作步骤

①鸡肉洗净切小块；青、红椒洗净去蒂斜切成圈；葱切末；姜切丝。

②板栗去硬壳，放入水中烧开，煮1分钟关火，稍凉后用手撕去皮。

③锅中放油烧热，倒入葱、姜爆香，倒入鸡块，翻炒至上色，加料酒、生抽、老抽和适量水，烧制30分钟。

④倒入板栗，10分钟后加入青、红椒圈，翻炒几下即可出锅。

操作要领

板栗煮得时间不能太长，否则就会煮成碎块。

营养贴士

此菜具有抗衰老、益气健脾、厚补胃肠、防治骨质疏松、强壮身体的功效。

菌豆类

清蒸茶树菇

视觉享受：★★★★
味觉享受：★★★★★
操作难度：★★★

主料： 茶树菇 400 克

配料： 盐适量

操作步骤

①茶树菇去蒂泡洗干净，放入盘中。

②撒上少许盐，入开水锅蒸 5 分钟即可。

操作要领

不喜欢清淡的，可把牛肉片腌好（用料酒、姜末、胡椒粉、蚝油、水淀粉等）后放在茶树菇上，上面再铺一层蒜茸，一起蒸即可。

营养贴士

茶树菇具有清热、平肝、明目、补肾、利尿、渗湿、健脾、止泻的功效。

视觉享受：★★★★ 味觉享受：★★★★ 操作难度：★★★

油焖草菇灰树花

TIME 25分钟

主料： 灰树花1朵，草菇250克

配料： 葱末、姜片、植物油、酱油、盐、糖、鸡精各适量

操作步骤

①草菇洗净后切开；灰树花用温水泡发后，洗净撕成小片，过滤泡发的水备用。

②将灰树花和草菇倒入沸水锅焯烫2分钟，捞出沥干。

③炒锅入油，大火烧至七成热时，用葱末、姜片爆香后，倒入灰树花和草菇，翻炒2分钟后倒入过滤后的灰树花水，调入酱油、盐和糖，盖上盖子（留一小缝）中火焖2分钟，加入鸡精搅拌均匀即可。

操作要领

倒过滤后的灰树花水时，没过菜量的一半即可。

营养贴士

草菇性寒、味甘、微咸、无毒，是优良的食药兼用型营养保健食品。

主料： 肉末100克，剁椒20克，日本豆腐适量

配料： 葱1棵，油、盐、生粉、生抽各适量

操作步骤

①日本豆腐拆开包装，切成小段；葱叶切花，葱白切碎；将葱白放入肉末中，加入盐、生粉、生抽，搅拌至起胶。

②把肉末覆盖在豆腐上面，在肉末上面铺上剁椒。

③锅中注水，烧开后用大火将豆腐蒸12分钟，关火，虚蒸5分钟出锅。

④将蒸出的汤汁倒入小锅里，加油、生抽一起煮开，淋在剁椒肉末豆腐上，撒上葱花即可。

操作要领

肉末要向着同一个方向搅拌起胶，就像做饺子馅那样，不然，蒸的时候很容易散开。

营养贴士

日本豆腐含有蛋白质、碳水化合物、维生素C等营养成分及钾、钙、镁、磷等微量元素，在消费者中享有盛誉。

视觉享受：★★★ 味觉享受：★★★★ 操作难度：★★★★

剁椒肉末蒸豆腐

TIME 40分钟

山水豆腐

TIME 15 分钟

视觉享受：★★★
味觉享受：★★★★
操作难度：★★★

主料： 内酯豆腐 1 盒，净草鱼片 20 克

配料： 鸡汤 20 克，青、红椒各 1 个，鸡蛋清、胡椒粉、色拉油、盐、味精、生粉各适量

操作步骤

①将内酯豆腐倒入蒸盘中，用筷子在中间插 12 个小洞，洞中放入盐和味精，上笼猛火蒸 90 秒；青、红椒洗净去蒂切末。

②净草鱼片放盐、味精码味后用生粉和鸡蛋清上浆，盖在蒸好的豆腐上，再入蒸锅猛火蒸 90 秒。

③炒锅上火，用鸡汤、青红椒末、适量盐勾流芡，淋在内酯豆腐上，撒胡椒粉，淋适量沸油即可。

操作要领

注意两次上笼蒸的时间和火候。

营养贴士

内酯豆腐是把豆浆中的葡萄糖凝固，比卤水豆腐跟石膏豆腐更能保持原豆的营养。

视觉享受：★★★★ 味觉享受：★★★★ 操作难度：★★★

炝拌木耳

TIME 15分钟

菜品特点
口感清淡
酸咸适中

主料： 木耳150克

配料： 青、红椒各1个，香葱少许，盐、酱油、醋、白糖、味精、香油、蒜末各适量

操作步骤

①木耳用水泡发洗净；青、红椒洗净去蒂切片；香葱切段。

②锅中倒水烧开，放入木耳焯半分钟捞出。

③炒锅中倒入香油，放入青红椒片和蒜末煸炒出香，倒入木耳中。

④将香葱段、盐、白糖、味精、醋、酱油倒入碗里调匀，倒入木耳中拌匀即可。

操作要领

木耳焯的时间不宜过长，否则营养会流失。

营养贴士

木耳有益气、充饥、轻身强智、止血止痛、补血活血、抗癌、治疗心血管疾病等功效。

视觉享受：★★★ 味觉享受：★★★★ 操作难度：★★★

干锅茶树菇

TIME 20分钟

菜品特点
口味浓郁
鲜香适口

主料： 茶树菇300克，五花肉100克

配料： 姜、小米椒、郫县豆瓣、植物油、盐、鸡精、酱油、糖、葱花、香菜各适量

操作步骤

①茶树菇洗净切段，在开水锅中焯水后捞出沥干；五花肉切薄片；姜切丝；小米椒、香菜切段。

②锅中放少许底油，下五花肉煸至出油，用姜丝、葱花炒香。

③放入剁碎的郫县豆瓣，炒香后倒入小米椒翻炒，放入焯好水的茶树菇，继续煸炒约5分钟。加盐、糖、酱油、鸡精调味，撒上香菜即可。

操作要领

加糖可以增鲜提味。

营养贴士

此菜具有抗衰老、补钙、消食、防癌、强身健体、降压等功效。

干锅千叶豆腐

视觉享受：★★★
味觉享受：★★★★
操作难度：★★★★

TIME 25分钟

主料： 千叶豆腐1盒

配料： 红椒15克，五花肉50克，洋葱60克，味精、十三香、鲜露、酱油、料酒、盐、植物油、青蒜段各适量

操作步骤

①五花肉洗净切碎；千叶豆腐切片；洋葱去皮，洗净切片；红椒洗净切小段。

②锅中放油烧热，放入千叶豆腐略炸，捞出沥干油。

③锅中留少许油，倒入五花肉煸出油，调入十三香、鲜露、酱油、料酒煸香；倒入千叶豆腐和红椒段，炒香，加盐和味精调味。

④在锅仔内垫上洋葱，放入炒好的菜肴，撒上青蒜段即可。

操作要领

五花肉可以煸出油，炒此菜时要少放油。

营养贴士

此菜具有补中益气、清热润燥、生津止渴、清洁肠胃的功效。

视觉享受：★★★★ 味觉享受：★★★★★ 操作难度：★★★★

白菜炖豆腐

TIME 30分钟

菜品特点：豆腐轻柔 清香可口

主料： 白菜400克，北豆腐200克

配料： 鲜汤400克，青、红椒各1个，料酒、精盐、味精、花生油、鸡油、葱花、姜末各适量

操作步骤

①将白菜洗净，切成5厘米长、2厘米宽的条；豆腐切成与白菜相同的条；青、红椒洗净去蒂，切成大片。

②锅内加花生油烧热，放入葱花、姜末、青椒、红椒炝锅，放入白菜、料酒、鲜汤烧开，倒入净砂锅内，再放入豆腐，加精盐，小火烧开，撇去浮沫，加味精、淋鸡油即可。

操作要领

如果喜欢清淡口味，可不淋鸡油。

营养贴士

此菜适合做便秘食谱、学龄期儿童食谱、美容菜谱、防癌抗癌食谱。

主料： 日本豆腐适量，青、红椒各1个

配料： 洋葱、葱末、姜末、蒜末、盐、鸡精、植物油、生抽、胡椒粉、面粉各适量

操作步骤

①把豆腐切成1厘米厚度的片状；青、红椒去籽，洗净切片；洋葱切片。

②日本豆腐裹一层薄薄的面粉入六成热的油锅中，炸至金黄，捞出控油。

③锅中留适量底油，入葱末、姜末、蒜末爆香，入青、红椒和洋葱翻炒至变软，入炸好的日本豆腐翻炒均匀，加少许盐、鸡精、生抽、胡椒粉调味，翻炒均匀即可。

操作要领

日本豆腐比较软，处理时要轻一些，以免弄散。

营养贴士

日本豆腐以其高品质、美味、营养、健康、方便和物有所值在消费者中享有盛誉。

视觉享受：★★★★ 味觉享受：★★★★ 操作难度：★★★★

双椒日本豆腐

TIME 20分钟

菜品特点：鲜嫩清香 营养丰富

TIME 15分钟

视觉享受：★★★★
味觉享受：★★★★★
操作难度：★★★★

主料： 豆腐 500 克

配料： 干辣椒、姜、蒜、香芹各少许，盐、植物油各适量

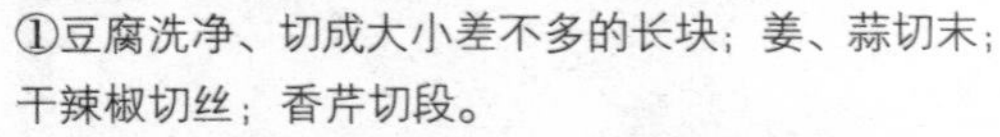

①豆腐洗净、切成大小差不多的长块；姜、蒜切末；干辣椒切丝；香芹切段。

②锅倒油烧热，将豆腐一块一块放进去，煎至四面金黄时捞出，放在盘里待用。

③将锅洗净后倒油烧热，放入姜、蒜、干辣椒爆香，然后放入香芹和煎好的豆腐一起翻炒 3 分钟，加入盐调味即可。

操作要领

因为豆腐易碎，所以煎的时候，翻面一定要小心，而且四个面都要煎到。

营养贴士

豆腐含有丰富的植物蛋白，有生津润燥、清热解毒的功效。

秘制豆干

主料： 红椒、香芹各50克，白豆腐干500克

配料： 料酒、生抽各20克，白糖30克，蚝油10克，食盐5克，鸡精3克，葱段、蒜片、姜片各15克，干辣椒4个，八角2粒，桂皮、香叶、丁香各少许，植物油适量

操作步骤

①白豆腐干切成4厘米左右的方形片；香芹洗净切段；红椒洗净切片。

②平底锅中加少量油，将切好的豆腐干煎一下。

③锅中留少许底油，油热后加入葱段、蒜片、姜片、干辣椒、八角、桂皮、香叶、丁香炒出香味，再调入料酒、生抽、白糖、鸡精。

④加入煎好的豆腐干，并加入蚝油、食盐，盖上盖，小火焖，直至汤汁将要收干时，加入香芹、红椒，略翻炒一下出锅，晾凉后摆盘即可。

操作要领

煎豆腐干的时间长短可根据自己的口味决定，喜欢有嚼劲的就多煎一会儿。

营养贴士

豆腐干既香又鲜，并有“素火腿”的美誉。

主料： 豆腐700克，猪肉100克

配料： 木耳、蒜苗各50克，猪油100克，料酒、盐、豆瓣辣酱、味精、香油、高汤各适量

操作步骤

①豆腐切片，加盐腌一下，滗去水分。

②猪肉剁成末；木耳泡发洗净撕小朵；蒜苗洗净切段；豆瓣辣酱剁碎。

③锅中倒入猪油烧热，放入豆腐，煎至两面均变黄后取出。

④再次将锅中油烧热，倒入猪肉末炒熟，烹入料酒，放入木耳翻炒，加豆瓣辣酱炒香；加入豆腐、蒜苗、盐、味精和高汤，焖入味，收干汁；淋入香油即可。

操作要领

豆腐一定要慢火烧透才入味。

营养贴士

此菜具有预防心血管疾病、防乳腺癌、补益、清热等功效。

家常豆腐

香芹腐竹

TIME 20分钟

视觉享受：★★★★
味觉享受：★★★★
操作难度：★★★

菜品特点
口感筋道
营养丰富

主料： 腐竹100克，香芹50克

配料： 植物油、盐、葱、蒜、花椒各适量

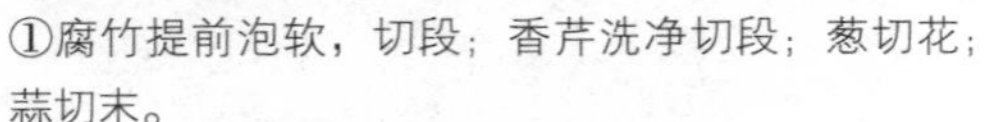

操作步骤

①腐竹提前泡软，切段；香芹洗净切段；葱切花；蒜切末。

②锅中放油烧热，放入花椒、葱花、蒜末爆香，倒入腐竹，炒至七成熟。

③放入香芹翻炒，待芹菜稍软后，加盐翻炒片刻即可。

操作要领

炒腐竹时，火不要太大，适当加一点儿水，腐竹多炒一会儿，这样会更入味、更筋道。

营养贴士

此菜具有预防老年痴呆、预防心血管疾病、促进生长发育等功效。

视觉享受：★★★ 味觉享受：★★★★ 操作难度：★★★

水煮豆腐

TIME 30分钟

菜品特点：嫩滑爽口 制作简单

主料： 豆腐400克

配料： 大蒜1头，姜2片，盐15克，生抽、香油各适量

操作步骤

①豆腐用水冲洗一下，切成1厘米厚度的豆腐片。

②锅中加适量水和姜片，放入豆腐块，加盐，开盖煮。

③大蒜剥去皮，捣成蒜泥，盛到小碗中，倒入生抽调味，放入少许香油，搅匀调成汁备用。

④当豆腐煮到表面有蜂窝状即可，连汤一起盛入碗中，吃的时候，夹1块蘸汁即可。

操作要领

简单起见，豆腐煮好后，也可以直接蘸甜面酱食用。

营养贴士

豆腐具有清热、利水、补中益气、止血凉血、降压的功效。

主料： 豆腐皮250克，五花肉80克

配料： 青、红椒各1个，油、食盐、酱油、小葱各适量

操作步骤

①豆腐皮切菱形片；五花肉切片；青、红椒洗净去蒂切圈；小葱切段。

②热油，下入肉片翻炒，炒至变色时用适量酱油上色，继续翻炒。

③放入辣椒圈和豆腐皮，翻炒均匀，用食盐调味即可。

操作要领

豆腐皮本身就能生吃，所以放入锅中后翻炒几下即可。

营养贴士

此菜有明目、清热去火、降糖、消食、活血、缓解疲劳的功效。

视觉享受：★★★★ 味觉享受：★★★★ 操作难度：★★★★

小炒豆腐皮

TIME 15分钟

菜品特点：色彩鲜艳 软嫩醇香

韩式豆腐汤

视觉享受：★★★★
味觉享受：★★★★★
操作难度：★★★

TIME 30分钟

主料： 嫩豆腐、金针菇、黄豆芽各适量

配料： 小鱼干、辣白菜、辣椒酱、辣椒粉、黑胡椒粉、黄酱、香油、姜、葱、蒜各适量

操作步骤

①姜、蒜切末捣成泥，与辣椒粉、黑胡椒粉、香油调成酱汁待用；黄豆芽择净；金针菇洗净；葱切片。

②嫩豆腐切成块，拌入刚调好的酱汁中腌一会儿。

③小鱼干洗净，去除肚子里的黑硬块，放水煮。煮出鲜味后，挑出鱼干，过滤煮过的鱼汤。

④豆腐腌好入石锅，加入黄豆芽炖开，用黄酱和辣椒酱调味，火略炖一会儿，加入金针菇、葱片、辣白菜，大火炖开即可。

操作要领

小鱼干洗净，去除肚子里的黑硬块（应该是内脏之类），否则汤会有味。

营养贴士

豆腐富含大豆蛋白，能恰到好处地降低血脂，保护血管细胞，预防心血管疾病。

视觉享受：★★★★ 味觉享受：★★★★ 操作难度：★★★

虾仁豆腐

TIME 20分钟

菜品特点：鲜嫩爽滑 口感绝佳

主料： 虾仁150克，内酯豆腐1盒

配料： 青豆、盐、味精、麻油、淀粉、胡椒粉、水淀粉、蛋清、姜、油各适量

操作步骤

①虾仁去泥肠洗净，加入盐、味精、淀粉、蛋清拌匀；豆腐切块；姜切丝。

②锅中入油，油热下姜丝煸炒，加虾仁、青豆煸炒，略加水，水开后放入豆腐，再烧煮约5分钟，加盐、味精调味，加水淀粉勾芡，淋麻油，撒胡椒粉即可。

操作要领

此菜可以加青菜同煮，但菠菜不宜与豆腐同吃。

营养贴士

此菜有软化血管、补钙、防癌、健脑的功效。

主料： 豆腐200克，牛肉100克

配料： 葱1根，豆瓣酱20克，花椒10克，姜5克，酱油10克，植物油75克，料酒、生抽、盐、辣椒粉、胡椒粉、干淀粉各适量

操作步骤

①豆腐切块后放入沸水中氽一下，捞出用淡盐水浸泡10分钟左右；豆瓣酱剁碎；姜切末；葱切小斜段；锅中不放油，放入花椒炒香，然后压成粉末备用。

②牛肉切粒加少许料酒、生抽、胡椒粉拌匀，腌渍15分钟，然后加少许干淀粉抓匀。

③炒锅烧热后放油，倒入牛肉粒，炒至金黄色后，放入豆瓣酱一起炒；放入姜末、葱段、酱油、辣椒粉，炒出红油后加入肉汤，倒入豆腐烧3分钟左右。

④出锅时，放入花椒粉翻炒几下即可。

操作要领

可以将红椒洗净去蒂，切成碎末状，和葱花一起洒在豆腐上，增加菜色。

营养贴士

此菜具有预防心血管疾病、补益、清热等功效。

视觉享受：★★★ 味觉享受：★★★★ 操作难度：★★★★

麻婆豆腐

TIME 45分钟

菜品特点：麻辣鲜香 细嫩有味

香菇油面筋

视觉享受：★★★
味觉享受：★★★★
操作难度：★★★

主料： 油面筋、鲜香菇、蚕豆米各适量

配料： 八角2粒，葱段、姜片、剁椒酱、植物油、生抽、冰糖、香油各适量

操作步骤

①香菇去掉根部杂质洗净，撕成小块；蚕豆米剥壳淘洗干净，待用。

②炒锅中，倒入适量植物油烧热，放入八角、姜片、葱段爆香，加入剁椒酱炒香，下入香菇翻炒出香味。

③调入冰糖、生抽，快速翻炒，倒入少许清水，大火烧沸后转小火，加入油面筋盖上盖焖烧3分钟，待汤汁略浓稠，放入蚕豆米翻炒至断生，淋入香油即可。

操作要领

小火慢烧，油面筋才能充分吸收汤汁入味。

营养贴士

香菇是具有高蛋白、低脂肪、多糖、多种氨基酸和多种维生素的菌类食物。

视觉享受：★★★★ 味觉享受：★★★★★ 操作难度：★★★★

家乡豆腐

主料： 豆腐300克，猪五花肉125克

配料： 红椒1个，香菜2棵，水淀粉、油、酱油、料酒、豆瓣酱、精盐、味精各适量，洋葱丝少许

操作步骤

①把豆腐切成厚片；猪五花肉切成肉片；红椒洗净去蒂切片；香菜切段。

②炒锅中放油烧热，放入豆腐片，煎成金黄色，并用锅铲分成三角形。

③锅中留少许油，放入猪肉片炒香，加豆瓣酱炒出红色，调入酱油、料酒、水，随即放入豆腐片、红椒、洋葱丝、精盐和味精。

④烧开后调小火，将豆腐炖透，加入香菜段，用水淀粉勾芡，将汤汁收浓即可。

操作要领

豆腐宜选用老豆腐。

营养贴士

豆腐含有丰富的钙、磷、铁和维生素B等营养成分，能保持人体正常的弱碱性。

主料： 干茶树菇500克，五花肉50克

配料： 香葱段、香菜段、干辣椒段各10克，猪油、蒜油各50克，酱油20克，精盐5克，浓缩鸡汁、白糖各2克，老汤50克，色拉油750克

操作步骤

①将温水泡发后的干茶树菇切成段（3厘米长），沸水中汆1分钟，控水，再放入四成热的色拉油中小火滑2分钟，取出控油；五花肉洗净切薄片。

②锅内加入猪油、蒜油烧至七成热，放入五花肉片小火炒2分钟，加茶树菇翻炒均匀，放入酱油、精盐、浓缩鸡汁、白糖调味，加入老汤，大火收汁后倒入吊锅内，上面放入香葱段、干辣椒段，淋上九成热的色拉油，放香菜段即可。

操作要领

上桌后，记得点上吊锅底座上的酒精炉。

营养贴士

这种做法博采众长，精工细作，无论是在做功还是色香味上，都更胜一筹。

视觉享受：★★★★ 味觉享受：★★★★ 操作难度：★★★

吊锅茶树菇

肥肠豆花

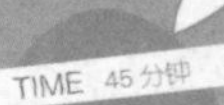

主料： 猪肥肠、内酯豆腐各适量

配料： 啤酒、面粉、花椒粉、大葱、姜、泡椒、植物油、料酒、高汤、豆瓣、香葱各适量

操作步骤

①肥肠加入面粉、啤酒搓洗内外去除腥味，用清水冲洗干净；姜一半切碎，一半切片；大葱切马蹄状；香葱切葱花备用。

②锅中倒水，加姜片、料酒煮沸，下入肥肠汆烫，捞出，沥干后改刀切长条。

③锅置火上倒入少许油，下入肥肠煸炒，同时加花椒粉、姜末、大葱，炒至干香时盛出。

④锅内烧油，下入豆瓣、泡椒，炒香后加入高汤，烧沸后去掉豆瓣、泡椒渣，放入内酯豆腐（切块）、肥肠，烧至肠软入味时收汁装盘，撒上香葱花即成。

操作要领

肥肠一定要反复清洗干净。

营养贴士

此菜有减肥、降三高、开胃、抗衰老、补钙、活血、消炎的功效。

视觉享受：★★★★ 味觉享受：★★★★ 操作难度：★★★

什菌烧腐竹

主料： 腐竹4条，蘑菇200克

配料： 黄瓜半根，木耳2朵，葱花、蒜末、生抽、油、香醋、胡椒粉、香油、鸡精、淀粉、糖各适量

操作步骤

①用冷水泡发腐竹和木耳；蘑菇切成片；把所有调料调匀兑到小碗里。

②泡好的木耳撕成小朵，腐竹切小段；黄瓜洗净切片。

③油六七成热时，用葱花、蒜末炝锅，放入蘑菇充分翻炒，炒至八分熟时，下木耳，翻炒几下。

④倒入调料汁，炒匀后下黄瓜片，出锅。

操作要领

炒蘑菇时，要炒出蘑菇里的水气，还要炒出蘑菇和葱花混合的香气。

营养贴士

此菜具有减肥、排毒、降糖、开胃、抗衰老的功效。

主料： 木耳、蛰头各150克

配料： 芝麻油、盐、鸡精、生抽、醋、酱油、白糖、香葱各适量

操作步骤

①木耳泡发后用水焯一下，撕成小朵放容器中。

②加入提前切好的香葱段和蛰头。

③加生抽、酱油、醋、鸡精、盐、白糖搅拌均匀，淋入芝麻油即可。

操作要领

调味料的添加，依据个人口味而定。

营养贴士

此菜具有减肥、清热去火、排毒、抗衰老、补钙、消食、补血、防癌等功效。

视觉享受：★★★★ 味觉享受：★★★★ 操作难度：★★★★

木耳拌蛰头

TIME 20分钟

砂锅松蘑鸡

视觉享受：★★★
味觉享受：★★★★★
操作难度：★★★

TIME 60分钟

主料： 小鸡半只，松蘑50克

配料： 葱段、姜片、生抽、老抽、八角、花椒、桂皮、香叶、盐、白糖、料酒、油、香菜各适量

操作步骤

①小鸡剁成块；松蘑提前泡发。

②锅中放水，水开后放入鸡块，焯水2分钟，捞出用温水洗净，淋干水分。

③锅中放少许油，油热后放鸡块翻炒，当炒至鸡块发紧，油出来后，放入八角、花椒、桂皮、香叶、葱段、姜片炒香，放生抽、老抽、白糖和料酒翻炒，加入松蘑翻炒。

④加清水，大火烧开后转中小火慢烧30分钟。加入盐调味，再烧一会儿，撒上香菜即可。

操作要领

做菜时不要早放盐，否则容易使鸡肉变硬、汤欠鲜。

营养贴士

松蘑不但风味极佳、香味诱人，而且是营养丰富的食用菌，有“食用菌之王”的美称。

视觉享受：★★★★ 味觉享受：★★★★ 操作难度：★★★

茶树菇烧豆笋

TIME 30分钟

菜品特点
色香味美
营养健康

主料： 豆笋200克，茶树菇300克

配料： 口蘑50克，青、红椒各1个，植物油、蚝油、盐、姜片各适量

操作步骤

①豆笋用凉水泡好；青、红椒切丝；口蘑洗净切片；茶树菇洗净备用。

②锅中倒植物油烧热，先爆香姜片，再放入茶树菇、口蘑炒香后，然后放入豆笋，拌炒均匀。

③加入蚝油及适量水，一起炒匀后用小火慢慢烧至入味，大约5分钟，再放入少许盐调味，最后放入青、红椒丝拌炒几下即可。

操作要领

豆笋一定要用凉水泡，如果用开水泡会使豆笋变软。

营养贴士

此菜具有降糖、降血压、降血脂、养心、防中风等功效。

视觉享受：★★★ 味觉享受：★★★★ 操作难度：★★★

香煎豆腐

TIME 20分钟

菜品特点
色泽金黄
口味绝佳

主料： 日本豆腐2条，鸡蛋3个

配料： 油、盐各适量

操作步骤

①将日本豆腐洗干净，切片，在浓盐水中泡10分钟，然后洗干净。

②鸡蛋磕破，把鸡蛋液与豆腐混在一起。

③把平底锅烧热，放油，烧热，把豆腐和蛋煎香即可。

操作要领

上碟时，在豆腐下垫上黄瓜丝，更加美观。

营养贴士

此菜有清热去火、消食、活血、缓解疲劳、助消化的功效。

茭瓜炒蚕豆

视觉享受：★★★★
味觉享受：★★★★★
操作难度：★★★

TIME 20分钟

主料： 蚕豆200克，茭瓜200克

配料： 红椒1个，木耳少许，蒜茸、姜末、干辣椒段、植物油、盐、味精各适量

操作步骤

①蚕豆洗净去外皮；茭瓜去皮，切成滚刀块；红椒先去蒂、去籽，然后用清水洗净，切片；木耳洗净撕小片。

②锅烧热，倒入500克植物油，八成热时倒入蚕豆过油；蚕豆表皮起泡后即可捞出。

③在热的锅中倒入姜末、蒜茸、干辣椒段煸香，然后一并倒入蚕豆、茭瓜、红椒片、木耳片，加入适量的盐、味精炒匀。茭瓜炒熟后即可出锅。

操作要领

茭瓜最宜切成滚刀块烹炒。

营养贴士

本菜品具有调养脏腑的功效。

视觉享受：★★★★ 味觉享受：★★★★ 操作难度：★★★

杏鲍菇炒虾仁

TIME 20 分钟

菜品特点：味道鲜美 滋补通乳

主料： 杏鲍菇 200 克，虾仁 10 个

配料： 红椒 1 个，葱花、蒜末、植物油、料酒、糖、盐各适量

操作步骤

①杏鲍菇洗净切片，放入开水中焯 1 分钟后捞出沥干水分；红椒切成圈状。

②油锅烧热，放入葱花（部分）、蒜末爆香，加入红椒略微翻炒，加入杏鲍菇，炒软后加少许料酒、糖、盐调味。

③最后加入虾仁大火翻炒，虾仁变色熟后，撒入剩余葱花即可。

操作要领

杏鲍菇要选择外形别致、实体肥大粗壮的。

营养贴士

杏鲍菇可以提高人体免疫力，具有抗癌、降血脂、润肠胃及美容等作用。

主料： 腐竹 150 克，西芹 100 克

配料： 红椒 1 个，植物油、盐、生抽、蒜末、剁椒、味精、香油各适量

操作步骤

①腐竹放入水中泡发 20 分钟左右至软，然后切段，放入开水中烫一下捞出，过一遍冷水，沥干水分；西芹洗净切段；红椒洗净去蒂切菱形片。

②将生抽、剁椒、蒜末和盐、味精、香油混合均匀，浇入适量滚油，制成调料汁。

③在滤干水的腐竹里加入西芹和红椒，然后浇上调料汁，拌匀即可。

操作要领

腐竹不要焯水，用开水过一下，然后马上过冷水，可保持韧劲。

营养贴士

此菜具有预防老年痴呆、预防心血管疾病、促进生长发育的功效。

视觉享受：★★★★ 味觉享受：★★★★ 操作难度：★★★

西芹拌腐竹

TIME 30 分钟

菜品特点：制作简单 营养丰富

小鸡炖蘑菇

TIME 90分钟

视觉享受：★★★★
味觉享受：★★★★★
操作难度：★★★

主料： 小鸡750克，蘑菇75克

配料： 葱末、姜末、干辣椒、八角、酱油、料酒、盐、糖、植物油各适量

操作步骤

①小鸡洗净，剁成小块；蘑菇用温水泡30分钟。

②炒锅烧热，倒入少量油，待油热后放入鸡块，翻炒至鸡肉变色；放入葱末、姜末、八角、干辣椒、盐、酱油、糖、料酒，将颜色炒匀。

③加入适量水炖10分钟左右，倒入蘑菇，中火炖40分钟左右即可出锅。

操作要领

加一些糖，可提鲜味。

营养贴士

此菜具有提高机体免疫力、镇痛、镇静、止咳化痰、通便排毒、降血压等功效。

莲蓬豆腐

主料： 豆腐2块，虾仁100克

配料： 青豆、盐、味精、胡椒粉、香油、太白粉各适量

操作步骤

①豆腐以滚水汆烫后，切去老皮，放凉后将豆腐捣碎成泥状；虾仁洗净，挑去肠泥，再用汤匙压成泥状。

②将豆腐泥、虾泥与所有调味料搅拌均匀，平铺在圆盘上，再嵌入洗净的青豆，装饰成莲蓬状，放入锅中以中火蒸约10分钟即可。

操作要领

蒸豆腐宜用中火，约蒸10分钟，火大气足或蒸的时间过长，豆腐出蜂窝眼，影响美观和口感。

营养贴士

此菜形如莲房，鲜嫩醇香，是西北思乡风味名馔。

主料： 干香菇适量

配料： 冰糖2颗，姜片5片，植物油、酱油、太白粉、葱花各适量

操作步骤

①干香菇冲水洗净后，泡开。

②炒锅上火，倒适量油，油热后放入姜片煸炒，再放入香菇拌炒。从锅边倒入适量酱油、放入冰糖拌炒一下。

③倒入泡香菇的水，水开后转小火，慢烧约5分钟，稍微收汁后，用太白粉勾薄芡淋上，使香菇更容易挂上红烧汁，撒上葱花，最后倒入盘中即可。

操作要领

用香菇水烧制此菜风味更佳。

营养贴士

香菇具有高蛋白、低脂肪、多糖、多种氨基酸和多种维生素的营养特点。

红烧香菇

香菇油菜心

主料： 油菜、干香菇各适量

配料： 植物油、盐、淀粉、蚝油各适量

操作步骤

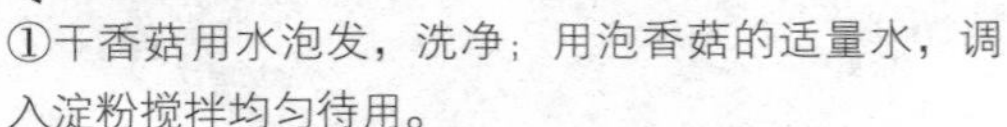

①干香菇用水泡发，洗净；用泡香菇的适量水，调入淀粉搅拌均匀待用。

②油菜对半剖开，香菇划成十字刀。

③锅中水烧开后加点盐，分别放入油菜和香菇焯熟摆盘。

④锅里倒入植物油，烧热后倒入蚝油和芡水熬至黏稠，浇在油菜和香菇上即可。

操作要领

摆盘以好看为宜，可用油菜打底，也可用油菜围盘。

营养贴士

此菜具有降低血脂、解毒消肿、宽肠通便、强身健体的功效。

视觉享受：★★★★ 味觉享受：★★★★ 操作难度：★★★

腊八豆红油豆腐丁

TIME 15分钟

主料： 水豆腐6片，腊八豆150克

配料： 鲜红椒1个，植物油、盐、味精、酱油、香油、红油、葱花各适量

操作步骤

①将鲜红椒洗净后切成末；水豆腐切成1.5厘米见方的丁。

②在沸水锅中放少许盐、酱油，将豆腐丁放入锅中焯水，入味后捞出，沥干水。

③净锅置灶上，放植物油、红油烧热后下入腊八豆，炒香后倒入豆腐丁，放红椒末、盐、味精一起翻炒，入味后撒葱花，淋香油即可。

操作要领

豆腐应用水豆腐，老豆腐做不出此菜的风味。

营养贴士

腊八豆具有开胃消食的功效，对营养不良也有一定疗效。

视觉享受：★★★★ 味觉享受：★★★★★ 操作难度：★★★

干锅腊肉香干

TIME 20分钟

主料： 烟熏香干400克，烟熏腊肉20克

配料： 红椒1个，姜末、蒜茸各3克，鲜红辣椒段15克，干辣椒段、四川豆瓣各5克，茶油20克，高汤300克，盐、味精、黄豆酱油、蒜苗各适量

操作步骤

①香干洗净，切成长4厘米、宽1厘米、厚0.5厘米的薄片；腊肉洗净，切薄片。

②锅内放入茶油，烧至七成热时放入四川豆瓣、黄豆酱油、姜末、干辣椒段、蒜茸爆炒出香味。

③放入烟熏腊肉、香干，小火翻匀，加入高汤、盐，用小火焖5分钟，撒味精出锅装入干锅内，撒蒜苗、鲜红辣椒段点缀而成。

操作要领 

烟熏腊肉的做法：带皮五花肉去毛洗净，加适量盐、十三香、葱段、姜（拍碎）、湖芝酒调匀，腌渍1天，用柴火直接小火烟熏10小时以上，至表面呈黄褐色即可。

营养贴士

腊肉性平、味咸甘，具有开胃祛寒、消食等功效。

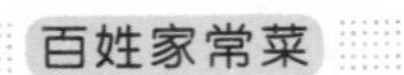

豆腐烧肠

TIME 45分钟

视觉享受：★★★★
味觉享受：★★★★
操作难度：★★★

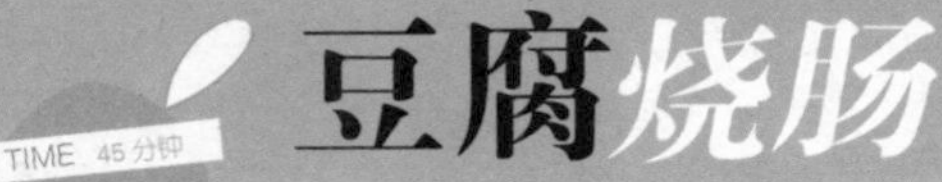

主料： 北豆腐300克，卤大肠400克

配料： 泡椒、油菜心各50克，酱油10克，料酒15克，盐、味精、豆瓣酱、植物油、鲜汤、葱花各适量

操作步骤

①将卤大肠和泡椒均斜刀切成马蹄段；豆腐切成厚片；油菜心用水洗净后控去水分。

②锅置火上，放油烧至八成热，入豆腐片炸至金黄色捞出沥净油。再将炸豆腐和大肠段分别放入沸水锅内焯水。

③锅置火上，放入鲜汤、大肠段、豆腐片、泡椒段、酱油、料酒和油菜心，烧沸后撇去浮沫，改用小火炖至熟透入味，加入盐、味精和豆瓣酱调味，撒上葱花即成。

操作要领

烧至豆腐胀大发胖，汤汁浓厚即可。

营养贴士

猪大肠性寒味甘，有润肠、治燥、补虚、止渴、止血、止小便的作用。

视觉享受：★★★ 味觉享受：★★★★ 操作难度：★★★

凉拌腐竹

TIME 15分钟

菜品特点

口感筋道 制作简单

主料： 黄瓜100克，腐竹250克

配料： 酱油、醋各25克，香油5克，味精2克，辣椒粉15克

操作步骤

①腐竹用热水泡开，放入开水中焯一下，捞出沥干水分，切成斜段；黄瓜一剖为二，去瓤后斜切成片，和腐竹一起放入盘中。

②酱油、醋、香油、味精、辣椒粉调匀，浇在腐竹、黄瓜上拌匀即可。

操作要领

腐竹先用热水泡开，再用开水焯一下。

营养贴士

此菜具有预防老年痴呆、预防心血管疾病、促进生长发育、促进新陈代谢、抗衰老等功效。

主料： 鲜蘑菇100克，油菜心250克，圣女果4个

配料： 木耳2朵，植物油40克，白糖10克，盐2克，味精1克，香油5克

操作步骤

①将鲜蘑菇削去柄，洗净，大的对开；油菜心去根，洗净；木耳泡发；圣女果洗净切成两半。

②用大火将炒锅烧热，放入植物油，油热至冒烟时倒入油菜心，煸炒至菜叶变软且色变深时放入蘑菇、木耳、圣女果同炒，加入盐、白糖和少许水。

③盖上锅盖，烧3分钟，当锅内汤汁较少时入味精炒匀，洒上香油盛盘即可。

操作要领

加了糖味道更鲜美，如果喜欢酸的可以不加。

营养贴士

此菜有提高机体免疫力、镇痛、镇静、通便排毒、降血压的功效。

视觉享受：★★★ 味觉享受：★★★★★ 操作难度：★★★

蘑菇菜心炒圣女果

TIME 20分钟

菜品特点

色绿鲜嫩 味道清香

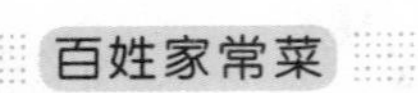

巴蜀上素

TIME 30分钟

菜品特点：色彩丰富 营养均衡

视觉享受：★★★
味觉享受：★★★★
操作难度：★★★

主料： 胡萝卜、香菇、银耳、黑木耳、面筋各适量

配料： 青椒1个，姜丝、高汤、红烧肉佐料、食用油、麻油各适量

操作步骤

①香菇去蒂，用温水泡发；黑木耳泡发，去除根部，隔去残渣；银耳洗净，撕成小片，用清水浸泡待用；面筋过水，切方块；青椒洗净去蒂切块；胡萝卜去皮，切片，入沸水氽熟。

②微波容器内倒入食用油，放入姜丝，高火1分钟后取出，放入胡萝卜、香菇、银耳、黑木耳和面筋。

③将红烧肉佐料（现成的）、高汤和泡发香菇的水调成汁料，倒入容器拌匀，放入微波炉高火5分钟，再中火5分钟后取出，加入青椒块，再高火3分钟，取出淋上麻油即可。

操作要领

操作中注意水分的控制。

营养贴士

银耳具有强精、补肾、润肠、益胃、补气、和血、强心、壮身、补脑、提神、美容、嫩肤、延年益寿之功效。

视觉享受：★★★★ 味觉享受：★★★★ 操作难度：★★★

木耳红枣蒸豆腐

主料： 红枣6个，木耳3朵，豆腐2块

配料： 枸杞子少许，生粉、干贝汁各适量

操作步骤

①红枣用清水浸软后切开；枸杞子用清水浸软；木耳用清水浸软后滴洗干净；豆腐切成小块状。

②将豆腐放在碟上，然后将红枣片、枸杞子、木耳铺在上面。

③隔水蒸10分钟，淋上生粉、干贝汁薄芡即可。

操作要领

红枣吃多会腹胀，每次食用不要高出10颗。

营养贴士

此菜具有养阴润肺、生津补虚的作用，还能提升免疫功能、调节神经系统。

主料： 带鱼230克，老豆腐180克

配料： 小白菜少许，植物油、料酒、生抽、白糖、盐、鸡精各适量

操作步骤

①带鱼洗净切成段；老豆腐切成片。

②烧锅倒油烧热，下入切好的带鱼炸金黄，捞出。锅内留少许底油，将炸好的带鱼回落锅中，放入切好的老豆腐。

③加适量的料酒和清水，翻动一下煮开。然后，加适量的生抽、白糖、盐、鸡精调味，煮至汤汁浓稠，搁入小白菜，即成。

操作要领

豆腐最好选择老豆腐，老豆腐比较耐炖。

营养贴士

带鱼的脂肪含量高于一般鱼类，多为不饱和脂肪酸，具有降低胆固醇的作用。

视觉享受：★★★★ 味觉享受：★★★★★ 操作难度：★★★

带鱼烧豆腐

TIME 20分钟

菜品特点

美白减肥
强身健体

天麻鱼头炖豆腐

视觉享受：★★★
味觉享受：★★★★★
操作难度：★★★

TIME 2小时

主料： 新鲜鳙鱼头1个，南豆腐50克，天麻30克

配料： 红枣4个，枸杞子3克，姜片、香葱各20克，花生油10克，花雕酒5克，盐、鸡粉各2克，高汤适量

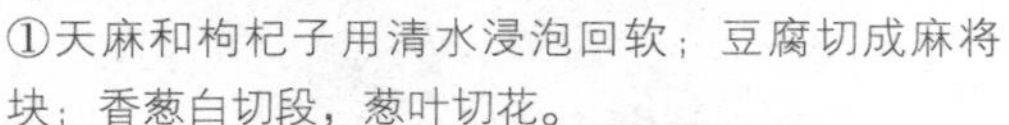

操作步骤

①天麻和枸杞子用清水浸泡回软；豆腐切成麻将块；香葱白切段，葱叶切花。

②锅中烧开水，用手勺浇淋在鱼头上，趁热用清洁球擦去鱼头上的黑膜，用清水冲洗干净。

③锅中烧底油，放葱白和姜片煸香，将鱼头两面煎过，加清水或高汤，烧开后把鱼头放到砂锅中。

④加入天麻、枸杞子、红枣，再用盐、鸡粉、花雕酒调味，慢炖30分钟，出锅时撒葱花即可。

操作要领

鱼鳃两侧藏有泥垢，一定要清理干净，然后对剖。

营养贴士

天麻有安神补脑的作用。

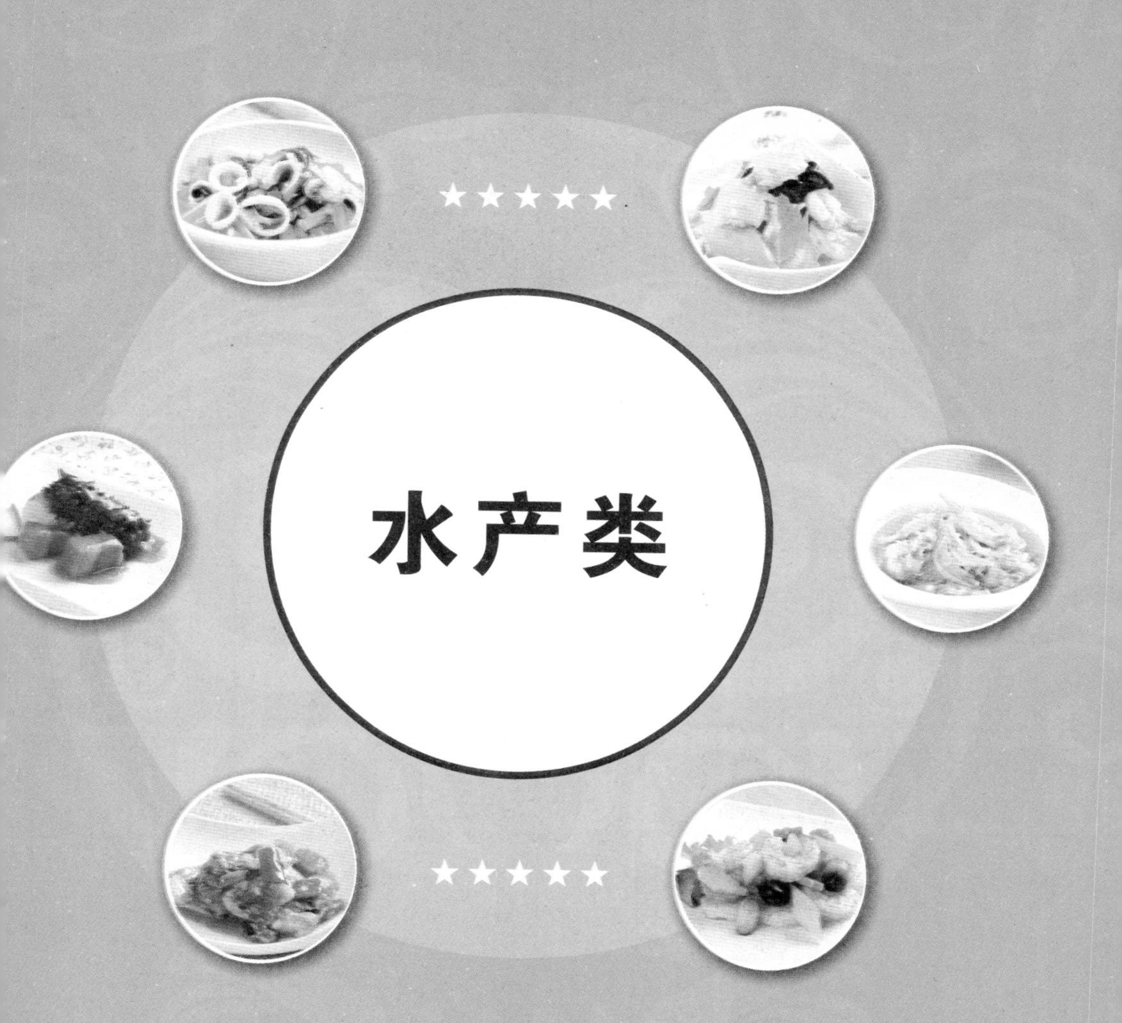

水产类

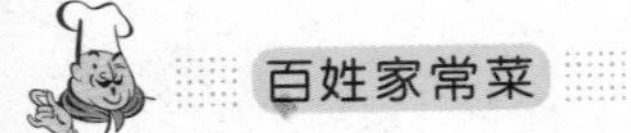

木耳海螺肉

TIME 20分钟

主料： 海螺肉200克，黄瓜100克，水发木耳50克

配料： 胡萝卜20克，料酒、精盐、味精、生姜、鸡油、肉汤各适量

操作步骤

①将黄瓜、胡萝卜洗净去皮，切成片；将水发木耳去根，洗净，切成小片；生姜洗净，切成末。

②将海螺肉去内脏，切成片，在沸水中焯透，捞出。

③将锅置火上，加少量肉汤、木耳、料酒、精盐、姜末，烧沸后撇去浮沫，加味精，放入海螺肉和黄瓜、胡萝卜拌匀，淋上鸡油即可。

操作要领

木耳最好用流动水不断冲洗，以避免农药渗入。

营养贴士

此菜既有美容、健美的作用，又可养脑明目、增强体质。

萝卜蛏子汤

主料： 蛏子、白萝卜各适量

配料： 粉丝、鸡汤、盐、葱花各适量

操作步骤

①蛏子洗净，放淡盐水里泡 2 小时去除泥沙，然后用清水冲洗干净；白萝卜去皮切成细丝，放入开水里焯一下，捞出。

②鸡汤烧开，下萝卜丝、粉丝煮软，放入蛏子煮熟，最后放葱花提味即可。

操作要领

鸡汤和蛏子都非常鲜美，只需要一点儿盐即可。

营养贴士

萝卜配蛏子有很好的食疗作用，尤其对女人产后虚损很有帮助。

主料： 虾仁 300 克，草菇 150 克

配料： 胡萝卜 25 克，大葱 10 克，鸡蛋 1 个，湿淀粉、食用油、料酒、胡椒粉、盐、味精各适量

操作步骤

①虾仁洗净后拭干，用盐、胡椒粉、蛋清腌 10 分钟；大葱切 1 厘米的段。

②在沸水中加少许盐，将草菇氽烫后捞出，冲凉；胡萝卜去皮，煮熟，切片。

③锅内放适量油，七成热时放入虾仁，滑散滑透时捞出。

④锅内留少许油，炒大葱、胡萝卜片和草菇，然后将虾仁回锅，加入适量料酒、盐、胡椒粉、湿淀粉、味精和清水，翻炒均匀即可。

操作要领

虾肉腌制前可用清水浸泡一会儿，能增加虾肉的弹性。

营养贴士

草菇性寒、味甘、微咸，是优良的食药兼用型营养保健食品。

草菇虾仁

冬菜蒸鳕鱼

主料： 银鳕鱼250克，冬菜100克

配料： 精盐、鸡粉、香油、淀粉各适量，胡椒粉、葱花各少许

操作步骤

①将银鳕鱼去鳞，洗涤整理干净，切成2厘米厚的鱼片；冬菜洗净，剁碎后，加入鸡粉、淀粉、香油调拌均匀。

②银鳕鱼片撒少许精盐、胡椒粉腌渍3分钟，再放上拌好的冬菜，上屉蒸8分钟左右至熟透，取出装盘，再撒上葱花即可。

操作要领

冬菜一定要洗净。

营养贴士

鳕鱼肉味甘美、营养丰富，被称为“餐桌上的营养师”。

视觉享受：★★★★ 味觉享受：★★★★ 操作难度：★★★★

烧肉海参

TIME 45 分钟

菜品特点

肉质细腻 鲜香滑爽

主料： 五花肉 300 克，海参 3 只

配料： 油、盐、葱段、姜块、八角、老抽、冰糖、料酒各适量

操作步骤

①五花肉切块，放清水（水中倒入小半杯料酒）里浸泡 10 分钟；海参泡发后切成小段，放锅里蒸 30 分钟，凉透后使用。

②铁锅里放少许油，放入五花肉，小火煸炒至肉微微发黄时，将锅里的油倒出，加入老抽，煸炒上色后，放入葱、姜，加入八角 1 粒。

③加入半锅热水和适量料酒，大火烧开转小火，加入冰糖调味，待肉炖到五成熟时，放入海参，炖到肉熟烂、海参软糯后，用盐调味，汤汁收紧即可。

操作要领

五花肉先放料酒里浸泡可以去腥。

营养贴士

此菜有促进发育、增强抵抗力、美容养颜等功效。

主料： 黄鱼 400 克

配料： 香菇、松子各 20 克，姜片、水淀粉、糖、美极鲜酱油、香醋、黄酒、老抽、素油各适量

操作步骤

①将黄鱼洗净，挂起来晾干，然后在鱼身正反两面浅浅地勒三刀；将松子爆香至颜色金黄；香菇洗净切丁。

②热锅热油，放入黄鱼和姜片，大火将黄鱼两面煎透，转小火，加入适量美极鲜酱油、黄酒、老抽及清水，中火烧一会儿，出锅装盘。

③此时锅中尚有少量汤汁，放入香菇丁、糖和香醋，再用水淀粉勾芡，小火烧到汤汁浓稠，再将汤汁浇淋到黄鱼上，撒上松子即可。

操作要领

先将黄花鱼挂起晾干，是为了节约用油，不宜粘锅。

营养贴士

此菜有排毒、降三高、开胃、抗衰老、软化血管、健脑、健脾、活血、强身健体的功效。

视觉享受：★★★ 味觉享受：★★★★ 操作难度：★★★

糖醋黄花鱼

TIME 40 分钟

菜品特点

鱼肉细嫩 酸甜软香

海参扒羊肉

TIME 30分钟

视觉享受：★★★★
味觉享受：★★★★
操作难度：★★★

主料： 水发海参、肥瘦羊肉各500克

配料： 生菜20克，葱段、姜块各5克，花椒、鸡油、酱油、葱油、料酒、玉米淀粉、盐、味精、鸡汤各适量

操作步骤

①将水发海参洗净切大片，下入开水锅内汆一下，捞出控水；羊肉洗净待用；淀粉放碗内加水调成湿淀粉；生菜洗净。

②锅内添入鸡汤，加入花椒、葱段、姜块、料酒、羊肉烧开，煮至羊肉熟烂，捞出晾凉，切成大片。

③炒锅放入葱油烧热，加入料酒、鸡汤、酱油、盐、味精、海参片、羊肉片烧开，小火煮10分钟，放入生菜，用湿淀粉勾芡，淋入鸡油即可。

操作要领

泡发好的海参应反复冲洗以除残留化学成分。

营养贴士

此菜可以做阳痿早泄食谱、补虚养身食谱、补阳食谱和壮腰健肾食谱。

视觉享受：★★★★ 味觉享受：★★★★ 操作难度：★★★★

茴香辣茄炒虾仁

TIME 20分钟

主料： 草虾仁200克，韭菜段80克

配料： 干辣椒段10克，橄榄油20克，茴香辣茄腌酱（茴香粉、鱼露、椰糖、番茄丁、辣椒末调制而成）适量

操作步骤

①草虾仁洗净沥干；将茴香辣茄腌酱的所有材料混合均匀，拌至椰糖溶化，备用。

②草虾仁放入茴香辣茄腌酱中，腌约5分钟备用。

③热锅，倒入橄榄油，放入干辣椒段、韭菜段炒香，再放入腌过的虾仁炒至表面变红且熟即可。

操作要领

韭菜要选用新鲜韭菜。

营养贴士

韭菜具有增进食欲、健胃消食、散瘀活血、杀菌消炎、护肤明目的功效。

主料： 对虾、青萝卜各500克

配料： 葱花、姜丝各5克，粉丝20克，盐、味精各2克，胡椒粉1克，香油、料酒各5克，植物油、浓高汤各适量

操作步骤

①挑去对虾头部的沙袋和脊部的沙线，剪去枪、须和腿；青萝卜去皮，洗净切细丝。

②锅中加植物油烧热，加入葱花烹锅，放入萝卜丝煸炒至软。

③锅中再加植物油烧热，加入姜丝烹出香味，再加入大虾两面煎，用手勺压出虾脑，烹入料酒，加浓高汤、煸过的萝卜丝和粉丝；慢火炖熟，出锅时加盐、味精、胡椒粉，淋香油即可。

操作要领

最好盛入餐锅内上桌，边加热边食用。

营养贴士

萝卜所含热量较少，纤维素较多，吃后易产生饱胀感，有助于减肥。

视觉享受：★★★★ 味觉享受：★★★★★ 操作难度：★★★

萝卜丝炖大虾

TIME 60分钟

豆瓣脆虾仁

视觉享受：★★★★
味觉享受：★★★★
操作难度：★★★

TIME 20分钟

菜品特点
色泽亮丽
清凉之极

主料： 虾仁300克，青豆100克

配料： 鸡蛋1个，植物油50克，精盐、胡椒粉、料酒、豆瓣酱、番茄酱、姜末、蒜泥、高汤、白糖、醋、淀粉各适量

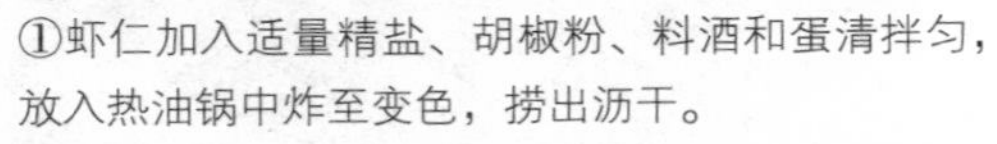

操作步骤

①虾仁加入适量精盐、胡椒粉、料酒和蛋清拌匀，放入热油锅中炸至变色，捞出沥干。

②另起油锅，油热后放入豆瓣酱、番茄酱、姜末和蒜泥，炒香后加入青豆、虾仁，放入高汤、料酒、白糖、精盐、胡椒粉和醋，大火煮沸，用淀粉勾芡，收汁即可。

操作要领

虾仁不要炸的太过，影响口感。

营养贴士

青豆富含不饱和脂肪酸和大豆磷脂，有保持血管弹性、健脑和防止脂肪肝形成的作用。

视觉享受：★★★★ 味觉享受：★★★★★ 操作难度：★★★

香葱拌八带

TIME 20分钟

菜品特点：原汁原味 健脾开胃

主料： 鲜活八带350克，香葱20克

配料： 生抽、香油各5克，醋3克，胡椒粉、盐、味精各2克

操作步骤

①选择鲜活八带，去除墨袋、内脏，切开。

②将八带用开水焯熟。

③香葱切段。

④将熟八带、香葱放入大碗内，加所有调料拌匀，装盘即可。

操作要领

焯水时间要短，保持八带的新鲜。

营养贴士

八带鱼含有丰富的蛋白质、矿物质等营养元素，具有缓解疲劳、抗衰老、延长寿命的作用。

主料： 甲鱼1只，白菜、冬瓜、白萝卜各100克

配料： 红枣10个，葱、姜各5克，枸杞子20粒，胡椒粉、味精、鸡精、料酒、精制油各适量

操作步骤

①甲鱼宰杀去外皮和内脏，斩成4厘米见方的块，入汤锅汆水捞起待用；葱、姜切成长丝。

②白菜、冬瓜、白萝卜切成5厘米长、5毫米厚的片，装入火锅盆，加姜丝、葱丝、红枣、枸杞子、味精、鸡精、胡椒粉、料酒掺白开水，放入甲鱼，淋上精制油即可。

操作要领

死亡、变质的甲鱼不能吃。

营养贴士

甲鱼富含蛋白质、无机盐、维生素、烟酸、碳水化合物、脂肪等多种营养成分。

视觉享受：★★★★ 味觉享受：★★★★ 操作难度：★★★★

胡椒甲鱼火锅

TIME 60分钟

菜品特点：汤汁清澈 清鲜肉嫩

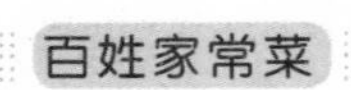

豆豉武昌鱼

视觉享受：★★★★
味觉享受：★★★★★
操作难度：★★★★

TIME 60分钟

主料： 活武昌鱼1条

配料： 葱段、姜片、蒜片、料酒、花椒粉、盐、白糖、豆豉、酱油、色拉油各适量

操作步骤

①鱼宰杀好洗净，背上切花刀，用葱段、姜片、蒜片、料酒、花椒粉、酱油、盐腌30分钟。

②锅烧热，放入适量色拉油，八成热时将鱼放入两面煎黄。

③将腌制鱼的调味品倒入锅中，加豆豉和白糖，开锅后转小火炖至入味即可。

操作要领

煎鱼块火要大，油要热，这样煎出来的鱼，鱼皮完整。

营养贴士

武昌鱼性温、味甘，具有补虚、益脾、养血、祛风、健胃的功效。

视觉享受：★★★★ 味觉享受：★★★★ 操作难度：★★★

虾尾鱼汤

TIME 30分钟

菜品特点

主料： 虾尾肉6只，胖头鱼肉300克，梅干菜80克

配料： 葱花、姜末各少许，盐、鸡精、料酒、芝麻油、色拉油、高汤各适量

操作步骤

①胖头鱼肉洗净切段，在鱼块两侧划斜刀口，抹上盐、料酒腌渍约10分钟，放入热色拉油中炸至黄褐色。

②虾尾肉剔除虾线；梅干菜洗净，烫一下去盐分，捞出，控干水分，切碎。

③锅中加少许色拉油，烧热后下入葱花（部分）、姜末，炒香后下入梅干菜拌炒，烹入料酒，倒入适量高汤，放入胖头鱼肉、虾尾。

④汤汁滚沸后，加盐、鸡精，小火煮20分钟，淋芝麻油，撒上剩余葱花即可。

操作要领

也可用四川酸菜替换梅干菜，做成虾尾酸菜鱼汤。

营养贴士

梅干菜油光黄黑，香味扑鼻，可解暑热、洁脏腑、消积食、治咳嗽、生津开胃。

主料： 虾仁、胡萝卜、青萝卜、豌豆各适量

配料： 盐、鸡精、淀粉、糖、胡椒粉、植物油各适量

操作步骤

①事先将虾仁洗净沥干水，加盐、糖、胡椒粉、淀粉和植物油拌匀，放在冰箱冷藏一晚；胡萝卜、青萝卜洗净切丁；豌豆洗净放在沸水锅中焯水。

②锅中放油，烧至五成热，滑入虾仁炒至变色捞出，放入萝卜丁煸炒一会儿，倒入豌豆和虾仁，加少许盐、鸡精和糖翻炒几下即可。

操作要领

食用豆类食品时，一定要烧熟煮透，使有毒物质得到破坏分解，使营养物质得到消化吸收。

营养贴士

此菜有利尿、消石、润肠、安神、消炎、下奶、养血的功效。

视觉享受：★★★★ 味觉享受：★★★★★ 操作难度：★★★

豌豆萝卜炒虾

TIME 20分钟

菜品特点

炸熘海带

视觉享受：★★★
味觉享受：★★★★
操作难度：★★★

主料： 水发海带 200 克

配料： 洋葱、青椒、红椒各若干，调料油 100 克（约耗 50 克），葱花、蒜片、姜末各少许，干面粉、水淀粉、绍酒、酱油、醋、白糖、精盐、味精各适量

操作步骤

①将海带洗净，切片，沾一层干面粉；洋葱、青椒、红椒切小片。

②用干面粉加水淀粉调成稠糊；小碗内加入绍酒、酱油、醋、白糖、精盐，味精、水淀粉调成芡汁备用。

③油锅烧至六成热，将海带片挂糊，入油炸透，呈金黄色时倒入漏勺。

④锅中留少许底油，用葱花、姜末、蒜片炝锅，再下入洋葱、青椒片、红椒片及炸好的海带，泼入芡汁，淋明油，翻炒均匀即可。

操作要领

海带最好切成“象眼”片。

营养贴士

海带具有降血脂、降血糖、调节免疫力、抗凝血、抗肿瘤、排铅解毒和抗氧化等多种生物功能。

视觉享受：★★★★　味觉享受：★★★★★　操作难度：★★★★

干锅鲶鱼

TIME 45分钟

菜品特点 肉质细嫩 美味浓郁

主料： 鲶鱼1条，蒜2头

配料： 红葱头1个，樱桃椒5个，色拉油、酱油、醋、鸡精、花椒、料酒、姜汁、盐、白糖、清汤、葱段各适量

操作步骤

①鲶鱼去内脏及鳃，斩去鱼头，切成小段放水中汆水；蒜剥皮洗净。

②用酱油、料酒、姜汁、醋、白糖加少许清汤兑成一碗料汁。

③锅中放色拉油，将鲶鱼段煎至两面微黄，捞出。

④锅中留底油，放入花椒炸香捞出，放入葱段、蒜瓣爆香，放入樱桃椒、鲶鱼，倒入料汁，待汤滚起后改小火，焖煮10分钟后放盐，开大火收汁浓稠，放入鸡精即可起锅。

操作要领

将鲶鱼段汆水是为了方便清除黏液。

营养贴士

鲶鱼不仅像其他鱼一样含有丰富的营养，而且刺少、开胃、易消化。

主料： 黑木耳、银耳各1朵，草虾10只

配料： 芥蓝片25克，葱末、姜末各10克，精盐、绍酒、味精、淀粉、葱油各适量

操作步骤

①黑木耳、银耳用清水泡软，去掉根蒂洗净，撕成小朵，在开水中焯透，捞出沥水。

②草虾只留虾尾，从背部剖开，去除沙线，从中间片成两半，用少许精盐和绍酒腌渍10分钟，取出放在案板上，用面棍边敲边撒上淀粉，敲至原来体积的2倍。

③锅中加清水烧沸，放入草虾焯烫至熟，捞出沥干。

④锅中加入葱油烧热，下入葱末、姜末炒香，放入芥蓝片、草虾、黑木耳、银耳翻炒均匀，加入精盐、味精调味，用淀粉加水勾薄芡即可。

操作要领

焯烫草虾时要一个一个放入，并且锅内清水要保持微沸状态。

营养贴士

木耳和鲜虾搭配炒制成菜，能使皮肤呈现健康血色，丰润毛发。

视觉享受：★★★★　味觉享受：★★★★★　操作难度：★★★

双耳爆敲虾

TIME 20分钟

菜品特点 补血健脑 减肥排毒

茼蒿炒笔管鱼

TIME 20分钟

视觉享受：★★★
味觉享受：★★★★★
操作难度：★★★

主料： 笔管鱼 400 克，茼蒿 200 克

配料： 小米椒 2 个，植物油、盐、生抽各适量

操作步骤

①先抽掉笔管鱼里面的那一根软骨状物体，然后洗净；茼蒿洗净切段；小米椒切碎。

②锅中放植物油，倒入小米椒、笔管鱼翻炒，炒至变色后添一点水煮。

③笔管鱼煮熟后倒入切好的茼蒿段，用盐、生抽调味即可。

操作要领

茼蒿易熟先放茼蒿茎稍微一炒出锅时再放茼蒿叶。

营养贴士

此菜有消食开胃、通便利肺、清血养心、润肺化痰、通利小便、消除水肿等功效。

视觉享受：★★★★ 味觉享受：★★★★ 操作难度：★★★★

豉椒鲜鱿鱼

主料：鲜鱿鱼 300 克，洋葱 50 克

配料：青、红椒各 1 个，豆豉、精盐、味精、白糖、胡椒面、姜末、蒜末、葱段、酱油、料酒、香油、湿淀粉、花生油各适量

操作步骤

①将鱿鱼洗干净，剞上花刀，切成块，用沸水一汆捞出；青椒、红椒、洋葱切块；碗中放入精盐、白糖、味精、胡椒面、香油、酱油、湿淀粉，调成汁。

②锅入油，爆香葱段、姜末、蒜末后放入豆豉、鱿鱼进行翻炒，加入青红椒和洋葱，烹入料酒，倒入调好的芡汁炒匀，加明油即成。

操作要领

鱿鱼焯烫不要过久，变成白色马上捞出，以免肉质变老。

营养贴士

鱿鱼富含蛋白质、钙、牛磺酸、磷、维生素 B_1 等多种人体所需的营养成分，营养价值非常高。

主料：鳝鱼 400 克，干蕨根粉 50 克

配料：姜、蒜各 10 克，植物油 40 克，精盐 1 克，味精 4 克，豆瓣酱 5 克，重庆火锅底料 20 克，干辣椒 15 克，红油 10 克，鲜汤 200 克

操作步骤

①将干蕨根粉用水煮透，过凉待用；鳝鱼宰杀干净，切段；姜、蒜切末；干辣椒切段。

②锅内放底油，放姜末、蒜末、干辣椒段煸香，加入重庆火锅底料、豆瓣酱、鳝鱼翻炒均匀，倒入鲜汤，放入蕨根粉，加精盐、味精调好味，淋红油，出锅装入汤碗内即可。

操作要领

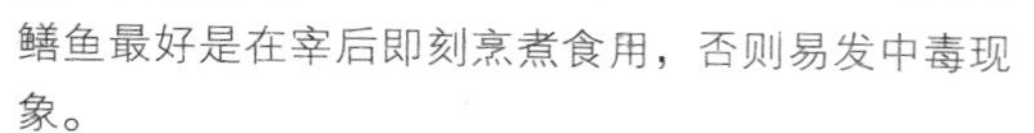

鳝鱼最好是在宰后即刻烹煮食用，否则易发中毒现象。

营养贴士

鳝鱼营养价值高，富含维生素 A、DHA 和卵磷脂，有补虚、助力、去寒湿、通血脉等功效。

视觉享受：★★★ 味觉享受：★★★★ 操作难度：★★★★

蕨根粉煮鳝鱼

蒜茸蒸大虾

视觉享受：★★★★
味觉享受：★★★★
操作难度：★★★★

主料： 基围虾适量

配料： 食盐、蒜、橄榄油、葱花各适量

操作步骤

①将基围虾的边须剪去，用剪刀在虾背向尾部剪开，用牙签挑出虾线，按住虾，顺着剪开的地方平破一刀，再将虾展开，用擀面杖敲打平。

②准备好干净的盘，将处理好的虾在盘中平展码好。

③将蒜剁成蒜茸，加入适量的食盐和橄榄油搅拌均匀，然后将适量的蒜茸放在虾肉上面。

④在锅中加入适量的水烧开，将虾放在上面蒸7分钟，出锅后再在上面撒适量的橄榄油和葱花即可。

操作要领

蒜茸加入适量的油和盐提前调味，但不要太多。

营养贴士

虾的肌纤维比较细，所以肉质细嫩，容易消化吸收，适合病人、老年人和儿童食用。

视觉享受：★★★★ 味觉享受：★★★★ 操作难度：★★★

健胃开边虾

TIME 30分钟

菜品特点
味道鲜美
营养丰富

主料： 大对虾适量

配料： 红彩椒少许，香葱、蒜、油、美极鲜酱油、料酒、白糖、盐、胡椒粉、鸡精各适量

操作步骤

①将大虾洗净，用刀开背，去除虾线，用料酒和适量盐、胡椒粉、鸡精腌渍30分钟以上。

②红彩椒切成小粒；香葱切碎末；蒜切细末。

③锅内倒适量油，煸香蒜末，然后倒出油和蒜末，加入适量料酒、美极鲜酱油、盐、鸡精、白糖调成汁。

④将调好的汁加上少许红彩椒粒倒在虾表面上，摆盘，锅烧开水（一定水开后再放虾）蒸2分钟，出锅撒香葱末即可。

操作要领

上锅蒸用大火，锅开后改中火，防止虾变老。

营养贴士

虾味甘、咸，性温，有壮阳益肾、补精、通乳之功效。

视觉享受：★★★ 味觉享受：★★★★ 操作难度：★★★

椒茸螺片

TIME 25分钟

菜品特点
鲜嫩脆爽
鲜咸适口

主料： 海螺200克

配料： 青椒100克，酱油、味精、盐、葱各适量

操作步骤

①海螺肉搓洗干净，切成薄片，在开水中略煮，捞出控净水，晾凉放盘中。

②将青椒和葱洗净，分别切成细末，和酱油、盐、味精一同放入碗中调匀。

③将调好的汁浇在海螺片上拌匀即可。

操作要领

必须要选鲜活的花螺，取肉后一定要用精盐搓洗，去泥腥味。

营养贴士

螺肉丰腴细腻，味道鲜美，素有“盘中明珠”的美誉。

春饼小河虾

主料： 面粉、小河虾各适量

配料： 黑胡椒粉、蒜粉、味精、酱油、盐、干辣椒、韭菜段、油各适量

操作步骤

①小河虾洗净；干辣椒切碎。

②面粉加热水和成面团，擀成直径约为15厘米的小圆饼（比饺子皮要薄），放入开水锅中蒸熟。

③锅内放油，放入干辣椒爆香，倒入小河虾、韭菜段，加入盐、黑胡椒粉、蒜粉、味精和酱油，煸炒至小河虾变红。

④将炒好的小河虾卷入春饼中即可食用。

操作要领

蒸锅将水烧开后，将擀好的面饼放入蒸锅，一次只能蒸一张，蒸熟后再蒸第二张。

营养贴士

河虾味道鲜美、营养丰富，是高蛋白、低脂肪的水产食品。

视觉享受：★★★★ 味觉享受：★★★★ 操作难度：★★★★

水煮菱角

TIME 60分钟

菜品特点
香甜浓郁
肉糯可口

主料： 菱角500克

配料： 大葱1棵，姜、香叶各3片，花椒3克，八角3粒，盐10克

操作步骤

①将菱角放在清水中浸泡30分钟后，用刷子将菱角表面和缝隙中的泥洗掉冲净。

②大葱切段；将洗净的菱角，放入锅中，再倒入适量清水，放入葱段、姜片、花椒、八角、香叶、盐。

③盖上盖子，大火煮沸后，改中火煮15分钟即可。

操作要领

清水没过菱角即可。

营养贴士

此菜具有养胃、防癌、消炎、减肥瘦身的功效。

主料： 鲫鱼1条

配料： 盐10克，白糖、鸡精各5克，花椒5粒，葱、姜、蒜、酱油、高汤、植物油、豆瓣酱、淀粉各适量

操作步骤

①鲫鱼去鳞、鳃、五脏后洗净，用刀在鱼身两面划数刀，抹上少许盐；葱切细花，姜、蒜均剁成末，豆瓣酱剁碎。

②炒锅内，倒入植物油烧至六成热时，将鱼下到锅中煎至两面金黄时，将鱼拨到一边，下豆瓣酱和葱、姜、蒜、花椒炒出香味。

③油呈红色时加入鸡精、酱油和高汤，然后立刻将鱼拨到锅中，盖上锅盖煮大约5分钟（中间记得加白糖）后将鱼盛到盘内；剩下的汤汁用淀粉勾芡后淋在鱼身上，最后撒上葱花即可。

操作要领

原则上有豆瓣酱就不需要加盐了。

营养贴士

鲫鱼具有益气健脾、消润胃阴、利尿消肿、清热解毒之功能。

视觉享受：★★★ 味觉享受：★★★★ 操作难度：★★★

豆瓣鱼

TIME 25分钟

菜品特点
汁色红亮
鱼肉细嫩

珊瑚鱼条

主料： 青鱼 500 克，冬笋 80 克，香菇 40 克

配料： 红椒 1 个，姜、大葱各 10 克，料酒 8 克，精盐 15 克，味精、白糖各 5 克，植物油、辣椒油、香油各适量

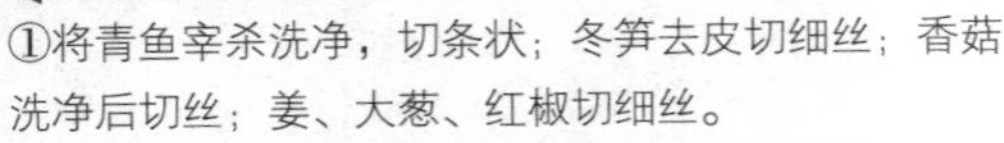

操作步骤

①将青鱼宰杀洗净，切条状；冬笋去皮切细丝；香菇洗净后切丝；姜、大葱、红椒切细丝。

②炒锅上火，倒适量植物油，烧至八成热时，放入鱼条略炸，捞出沥油。

③将炒锅内放香油烧热，放红椒丝、姜丝、葱丝、冬笋丝、香菇丝煸炒，烹入料酒，加入白糖、精盐、味精、清水、鱼条，烧沸后撇去浮沫，用小火焖烧；

④待鱼条熟后改用旺火收汁，淋上辣椒油装盘即可。

操作要领

青鱼忌用牛、羊油煎炸。

营养贴士

青鱼肉性平、味甘，具有补气、健脾、养胃、化湿、祛风、利水的功效。

白炒鱼片

主料： 草鱼 1 条，黄瓜、水发木耳片、胡萝卜各 15 克

配料： 葱花、姜末、蒜末、水淀粉、盐、料酒、酱油、白糖、香醋、色拉油各适量

操作步骤

①草鱼洗净，取下净鱼肉，斜刀片成 2 毫米厚的薄片，放入碗中，加盐、水淀粉、料酒均匀上浆；胡萝卜洗净去皮切片；黄瓜洗净去皮去瓤切片。

②炒锅上火，放入色拉油，投入鱼片滑炒至熟，沥油。

③锅内留底油，炒香葱花、姜末、蒜末，放入黄瓜片、木耳片和胡萝卜片，随后放鱼片和盐、香醋、白糖、料酒、酱油，炒匀后用水淀粉勾芡，淋明油即可。

操作要领

刀要快，刀钝的话不仅不易切好鱼片，也容易伤到手。

营养贴士

草鱼含有丰富的不饱和脂肪酸，对血液循环有利，是心血管病人的良好食物。

主料： 海参、雪莲子、虫草花各适量

配料： 高清汤、盐、白胡椒粉、香油、姜丝、香菜各适量

操作步骤

①将发好的海参切片；虫草花和雪莲子洗净浸泡在水中。

②锅放入清水，煮开将切好的海参、虫草花放入锅中，大火煮滚后倒入高清汤再煮 5 分钟，加入姜丝转小火，其间不要打开锅盖。

③小火煮约 25 分钟之后开锅，加入雪莲子和少许盐以及白胡椒粉，中火煮开，滴几滴香油，撒上香菜，关火焖一会儿即可。

操作要领

雪莲子最后放入，不可久煮。

营养贴士

雪莲子含有丰富的蛋白质和氨基酸，可有效调节人体酸碱度，增强人体免疫力，并有抗疲劳，抗衰老的功效。

雪莲子海参

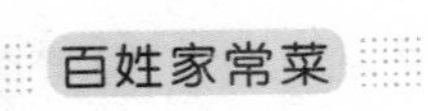

青瓜鱼肚

视觉享受：★★★★
味觉享受：★★★★★
操作难度：★★★★

TIME 30分钟

菜品特点
清香适口
鲜味十足

主料： 鱼肚、青瓜、鲜贝、猪肉馅、冬菜、草菇各适量

配料： 香葱段、鸡精、鱼露、高汤、食用油各适量

操作步骤

①将青瓜去皮去籽，切成菱形块，用开水焯一下，捞出沥干水分。

②将发好的鱼肚切成块，用开水焯一下，捞出沥干水分。

③锅置火上，放入油，油热倒入香葱段、猪肉馅煸炒，加入高汤、青瓜、鱼肚、冬菜、草菇、鲜贝、鱼露、鸡精，翻炒均匀即可。

操作要领

鱼肚以色泽透明、无黑色血印的为好，涨发性强。

营养贴士

冬菜营养丰富，含有多种维生素，具有开胃健脑的作用。

茄汁大虾

主料： 大虾750克

配料： 番茄酱、姜丝、生粉、白糖、盐、植物油各适量

操作步骤

①大虾去须、足，背部剪开，挑去肠泥，洗净，沥干水分。

②番茄酱加盐、白糖、生粉和水调成番茄汁。

③锅中放油，放入姜丝爆香，放入大虾，大火炒至变红，倒入番茄汁翻炒均匀，盖上锅盖焖5分钟即可。

操作要领

大虾要挑去肠泥，否则会影响口感。

营养贴士

大虾具有补肾、壮阳、通乳的功效。

主料： 鲜肉蟹500克

配料： 樱桃椒20克，葱白、蒜各10克，姜5克，辣椒油15克，盐、料酒、生抽、花椒碎末、熟芝麻、芡粉、香菜各适量

操作步骤

①肉蟹去脚和钳，掰开蟹壳，洗净腔内脏的地方，并将蟹钳拍破，全部放在盘里。

②香菜洗净切段；姜洗净切末；葱白切段；蒜切碎。

③将香菜段、姜末与料酒、盐一起撒在肉蟹盘里，入蒸笼蒸8分钟左右关火。

④炒锅中倒入辣椒油，放花椒碎末，慢火炒香，加入樱桃椒，将蒸过的蟹及蒸出的汤水倒入锅中，加葱、蒜、生抽煸炒4分钟，用芡粉勾芡。

⑤装盘后，用筷子把螃蟹摆好形状，撒点熟芝麻即可。

操作要领

掰蟹壳时从蟹没有钳子一端朝向长有大钳的一端掰开。

营养贴士

螃蟹具有抗结核、滋补、解毒、养筋益气、理胃消食、散诸热、通经络、解结散血的功效。

香辣蟹

炝菜花海带结

TIME 20分钟

视觉享受：★★★★
味觉享受：★★★★
操作难度：★★★★

主料： 菜花 300 克，海带结 100 克

配料： 盐、味精、花椒、干辣椒、调和油各适量

操作步骤

①菜花掰成小块，放到淡盐水中泡 10 分钟；海带结洗净。

②锅中放油，放入花椒、干辣椒炸香，捞出不用。

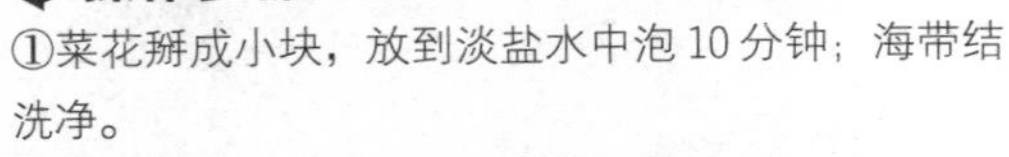

③放入菜花和海带结煸炒，放入适量的盐，炒到断生，放入适量的味精即可。

操作要领

海带结首先用清水冲洗三四遍或浸泡 30 分钟以脱去盐分。

营养贴士

此菜有软化血管、补血、防癌、养肝的功效。

视觉享受：★★★★ 味觉享受：★★★★ 操作难度：★★★

剁椒胖鱼头

TIME 45 分钟

菜品特点：咸辣可口 佐餐极佳

主料： 胖鱼头 1000 克，剁椒适量

配料： 姜片 6 克，盐、味精、姜丝、葱花、白萝卜片、熟油各适量

操作步骤

①鱼头洗净，去鳃、去鳞，用刀劈成两半，鱼头背部相连。

②将盐、味精均匀涂拌在鱼头上，腌渍 5 分钟后，将剁椒涂抹在鱼头上。

③在盘底放姜片和白萝卜片，将鱼头放上面，再在鱼身上搁切好的姜丝。

④上锅蒸 15 分钟，出锅后，将葱花撒在鱼头上，浇熟油，然后再放锅里蒸 3 分钟左右即可。

操作要领

鱼头腌渍时间可长些，便于入味。

营养贴士

此菜具有养胃、消食、强身健体、提高记忆力等功效。

主料： 新鲜毛蛤 250 克

配料： 冰块 800 克，芥末膏 15 克，美极鲜酱油、白醋各 10 克，樱桃番茄、苦菊各少许，盐适量

操作步骤

①新鲜的毛蛤放到盐水中泡 2 小时，吐净泥沙，冲洗干净；樱桃番茄切片；苦菊取嫩心，洗净。

②毛蛤去掉一半壳，放到垫有冰块的盘中，利用樱桃番茄、苦菊做装饰，摆盘。

③将芥末膏、美极鲜酱油、白醋拌匀，和毛蛤一起上桌，吃时蘸用。

操作要领

毛蛤必须很新鲜，并确保冲洗干净，否则泥沙会影响口感。

营养贴士

毛蛤具有补血、健胃的功效，适宜气血不足、营养不良、贫血和体质虚弱的人群食用。

视觉享受：★★★ 味觉享受：★★★★★ 操作难度：★★★

刺身毛蛤

TIME 150 分钟

菜品特点：肉质嫩滑 异常鲜美

清蒸鱼头尾

视觉享受：★★★
味觉享受：★★★★
操作难度：★★★

TIME 30分钟

菜品特点：鲜嫩可口 富有营养

主料： 草鱼500克

配料： 葱、姜、蒜（白皮）各10克，青、红椒各1个，盐5克，味精1克，熟花生油15克，酱油20克，胡椒粉1克，香油、料酒各适量

操作步骤

①葱、姜洗净，切成细丝；蒜剥去蒜衣，切成细丝；青、红椒去蒂及籽，洗净，切成细丝。

②将葱丝、姜丝、蒜丝、红椒丝、青椒丝同放一个碗里，加酱油、味精、胡椒粉、香油、熟花生油调成汁。

③草鱼取鱼头、鱼尾洗净，一剖为二，加料酒、盐、姜丝拌腌片刻，然后上笼用旺火沸水蒸15分钟至熟。

④出笼，滗去腥水，浇上味汁即可。

操作要领

取鱼头、鱼尾时多带些肉。

营养贴士

此菜可做补虚养身食谱、健脾开胃食谱、营养不良食谱。

炒黑鱼片

主料： 黑鱼肉 400 克，丝瓜 100 克

配料： 鸡蛋清、猪油、绍酒、胡椒粉、精盐、味精、蒜片、水淀粉各适量

操作步骤

①将鱼肉片成薄片，装碗内，用鸡蛋清和少许精盐、胡椒粉腌渍均匀；下入四成热猪油中滑散滑透，倒入漏勺；丝瓜去皮、切片。

②用小碗加入精盐、味精、胡椒粉、水淀粉调制成芡汁备用。

③炒锅烧热，加少许底油，用蒜片炝锅，放入丝瓜片煸炒，烹绍酒，入鱼片、兑好的芡汁，翻炒均匀，出锅装盘即可。

操作要领

鱼肉片上浆后焯水须沸水入锅，否则易碎。

营养贴士

此菜具有补脾利水、去瘀生新、清热等功效。

主料： 带鱼 350 克

配料： 葱、姜各 10 克，白糖 8 克，盐 5 克，酱油、香醋各 15 克，料酒 30 克，植物油 300 克

操作步骤

①带鱼去头，洗净切段；葱一半切花，一半切段；姜切片备用。

②锅中放油，中火烧热，放入带鱼块，炸至鱼块两面上色，捞出沥油。

③锅中留底油，放入葱段和姜片，大火炒香，再加入带鱼块、料酒、酱油、香醋和白糖，调入适量清水，中火烧入味。

④调入盐，改大火烧 2 分钟左右，汤汁收浓，装盘，撒上葱花即可。

操作要领

带鱼要用中火烧入味。

营养贴士

带鱼具有养肝止血等药效。

红烧带鱼

宫爆墨鱼仔

视觉享受：★★★★
味觉享受：★★★★★
操作难度：★★★

菜品特点
色泽洁白
口味香鲜

主料： 鲜墨鱼仔 400 克，去皮五香花生米 100 克

配料： 生抽、精盐、味精、料酒、白糖、花生油、葱花、姜末、蒜末、花椒、泡椒丁、生粉各适量

操作步骤

①将墨鱼仔洗净，然后在开水锅中汆透，捞出。

②锅中加花生油烧热，放入葱、姜、蒜和花椒爆锅，用生抽、精盐、味精、料酒、白糖和生粉调芡汁，倒入墨鱼仔颠炒，加去皮花生米和泡椒丁炒匀即成。

操作要领

墨鱼仔要洗净，汆水时熟透即可，不要过火，炒时要快，以免变老。

营养贴士

此菜可做补血食谱、滋阴通乳食谱、月经不调食谱。

视觉享受：★★★★ 味觉享受：★★★★ 操作难度：★★★

辣炒蛤蜊

TIME 30分钟

菜品特点：肉质细嫩 香辣鲜美

主料：蛤蜊1000克

配料：蒜6瓣，干辣椒1个，葱、姜5克，白糖8克，白酒10克，酱油、鱼露各15克，植物油、盐、香菜各适量

操作步骤

①蛤蜊用淡盐水浸泡，使其吐尽泥沙，然后用开水焯烫冲洗干净；葱、姜、蒜切碎；干辣椒切段；香菜洗净切段。

②锅中倒油，烧热，放入葱碎、姜碎、蒜碎、干辣椒段爆香，倒入蛤蜊翻炒，淋入白酒炒香。

③依次加入酱油、鱼露、白糖和少许盐，翻炒均匀，装盘，点缀香菜段即可食用。

操作要领

这道菜需要大火快炒，才能保证蛤蜊肉质鲜嫩。

营养贴士

此菜具有促进血液循环、促消化、增加食欲的功效。

主料：菠菜、海蜇各400克

配料：小米椒4个，蒜4瓣，生抽、香醋各15克，白糖2克，鸡精、盐、香油、熟芝麻各适量

操作步骤

①菠菜洗净，在锅中焯烫一下，过凉沥干水分，切段；海蜇冲洗干净沥干水分；小米椒去蒂，斜切成两半；蒜瓣切末。

②取一个小碗加入生抽、香醋、白糖、鸡精、盐混合拌匀。

③将所有食材放入大碗中，加入混合好的调味料拌匀，淋入香油，撒上熟芝麻，拌匀即可。

操作要领

菠菜在烫的过程中不要时间过长，以免烫粘。

营养贴士

海蜇有清热解毒、化痰软坚、降压消肿等功能；菠菜富含铁质和维生素。

视觉享受：★★★ 味觉享受：★★★★ 操作难度：★★★

菠菜拌海蜇

TIME 15分钟

菜品特点：方便易做 爽口美味

笔管鱼豆腐煲

视觉享受：★★★
味觉享受：★★★★
操作难度：★★★★

TIME 30分钟

菜品特点
肉质细嫩
汤鲜味美

主料： 小笔管鱼300克，豆腐500克

配料： 葱、姜、香菜、花生油、食盐各适量

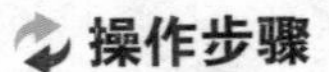

操作步骤

①将小笔管鱼洗干净待用；将豆腐洗净切成长2厘米、宽2厘米、厚1厘米的块；香菜洗净；葱、姜切丝。

②将油烧热，放葱、姜爆锅，加适量清水，水开后放入豆腐。

③开锅后，放入小笔管鱼，然后盖上锅盖，炖5分钟，放入香菜，加食盐调味即可。

操作要领

小笔管鱼要洗干净，特别是嘴部的吸盘处。

营养贴士

笔管鱼性咸，味甘、寒，具有滋阴、明目、清热、软坚、止咳等功效。

视觉享受：★★★ 味觉享受：★★★★★ 操作难度：★★★★

肉蟹蒸蛋

TIME 30分钟

菜品特点：色泽鲜艳 制作简单

主料： 海蟹1只，鸡蛋3个

配料： 葱花少许，蒸鱼豉油、油各适量

操作步骤

①螃蟹洗干净后，切成块，蟹钳略拍，在沸水中汆烫3秒钟捞出；鸡蛋打散，过滤掉杂质。

②汆烫螃蟹的水不要倒除，过滤，降温到40度左右，不烫手待用。

③将蛋液与汆烫螃蟹的水按照1∶2的比例搅匀，倒入排好螃蟹的深碗中，用保鲜膜密封，放入蒸笼中，蒸约12分钟至熟即可。

④取小碗倒入蒸鱼豉油和油，微波加热，倒入蛋中，并撒上葱花即可。

操作要领

因为海蟹已含盐分，加之还有蒸鱼豉油，所以可不用加盐。

营养贴士

螃蟹富含多种微量元素和优质的蛋白质，对身体有很好的滋补作用。

主料： 带鱼300克

配料： 植物油、食盐、酱油、姜丝、料酒、白糖、泡红椒丝、葱花、泡椒水各适量

操作步骤

①带鱼洗净切段，加入姜丝、料酒、食盐拌匀，腌渍15分钟左右。

②平底锅中放油烧热，放入腌好的带鱼段，煎至两面金黄。

③加入泡红椒丝和泡椒水，再倒入1小碗清水和少许酱油，调少许白糖，大火烧开。

④转小火煮10分钟，大火收汁，撒上葱花即可。

操作要领

泡椒和泡椒水可根据自己的口味来放。

营养贴士

此菜具有提高智力、预防心血管疾病、预防癌症、杀菌、促消化、解毒、增进食欲、镇吐、活血驱寒、助阳的功效。

视觉享受：★★★ 味觉享受：★★★★ 操作难度：★★★

泡椒带鱼

TIME 30分钟

菜品特点：鲜香软嫩 甜辣爽口

葱烧鳗鱼

视觉享受：★★★
味觉享受：★★★★★
操作难度：★★★

主料： 河鳗1条，大葱2根

配料： 油、米酒、淀粉、酱油、糖、醋、葱花各适量

操作步骤

①鳗鱼洗净，在温水中略烫一下，捞出，切除头、尾，剖开鱼肚，去大骨后对切一半，再切成小块，加米酒、淀粉、酱油腌一下；大葱洗净，切段备用。

②锅中倒适量油烧热，放入鳗鱼，煎至两面金黄，盛起。

③锅中留余油，加热后放入葱段爆香，放入煎好的鳗鱼，加入米酒、酱油、糖、醋及适量水，大火烧开后，改小火烧至鳗鱼入味，再转大火烧至汤汁收干，撒上葱花即可。

操作要领

酱油本身有咸味，所以不用再加盐，即使要加，也要酌量。

营养贴士

鳗鱼不仅可以降低血脂、抗动脉硬化、抗血栓，还能为大脑补充必要的营养素。

视觉享受：★★★ 味觉享受：★★★★ 操作难度：★★★

鱼片香汤

主料： 鲈鱼 1 条，胡萝卜 150 克

配料： 高汤、香菜、姜片、葱白、盐、料酒各适量

操作步骤

①鲈鱼宰杀、处理干净，斩掉鱼头，剔骨，取鱼肉切片，备用；胡萝卜洗净，去皮切丝；葱白切丝，然后和香菜加少许盐拌匀。

②汤锅中加适量高汤，煮沸后加入鱼片、姜片，烹入料酒，将鱼片煮熟，调入盐，再撒入拌好的胡萝卜丝、葱白丝和香菜稍煮即可。

操作要领

鲈鱼一定要用鲜活的。

营养贴士

鲈鱼能补肝肾、健脾胃、化痰止咳，对肝肾不足的人有很好的补益作用。

主料： 草鱼 1 条，黄豆芽 500 克

配料： 干辣椒、花椒、姜、蒜、食用油、食盐、味精、葱花各适量

操作步骤

①将草鱼剔除鱼腹内脏和鱼鳞，片成片，加食盐、味精拌匀，搁置 30 分钟；黄豆芽洗净；姜切成大块；蒜拍散。

②将食用油入锅烧热，关火，油中热时加入干辣椒、姜、蒜、花椒，做成辣椒油。

③一盆加有数颗干辣椒的清水烧开，加入黄豆芽，同时将鱼片一片片夹入沸水中，鱼片浮上水面后关火，倒入已做好的辣椒油，撒上葱花即可。

操作要领

煮鱼的水，以鱼片放入后，刚刚被水淹过即可。

营养贴士

常吃黄豆芽能营养毛发，使头发保持乌黑光亮，同时，对面部雀斑也有较好的淡化效果。

视觉享受：★★★★ 味觉享受：★★★★★ 操作难度：★★★★★

水煮鱼片

软炸虾仁

视觉享受：★★★★
味觉享受：★★★★
操作难度：★★★

主料： 虾仁适量

配料： 鸡蛋、面粉、盐、椒盐、植物油、黑胡椒粉各适量

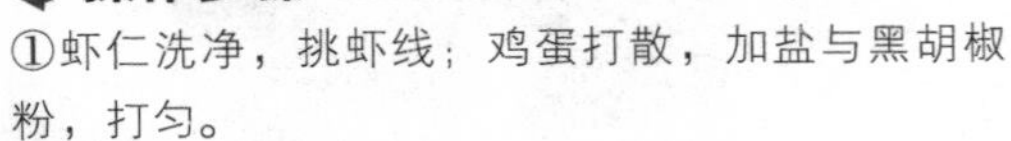

操作步骤

①虾仁洗净，挑虾线；鸡蛋打散，加盐与黑胡椒粉，打匀。

②将虾仁裹上蛋浆，之后裹面粉，备用。

③锅内入宽油，加热后下虾仁炸至金黄，出锅佐椒盐食用。

操作要领

油加热到六七成热即可，炸时用小火。

营养贴士

此菜有抗衰老、软化血管、健脑、养肝、美容护肤的功效。

视觉享受：★★★ 味觉享受：★★★★ 操作难度：★★★

鲜椒牛蛙

主料： 牛蛙500克，鲜花椒100克

配料： 灯笼泡椒、小米椒、葱末、姜末、蒜末、盐、料酒、鸡精、生粉、胡椒粉、高汤、茶油各适量

操作步骤

①牛蛙洗净斩件，加葱末、姜末、料酒、盐，腌渍20分钟，用生粉上浆；小米椒切碎。

②锅中放茶油，烧至五成热时，放入牛蛙滑炒至七成熟时捞出。

③锅留底，放葱末、姜末、蒜末、灯笼泡椒、鲜花椒炒出香味，倒入牛蛙，加料酒、高汤用小火烧至牛蛙变熟。

④放小米椒碎、鸡精、胡椒粉翻炒片刻即可。

操作要领

牛蛙腌渍时间可以长些，以便入味。

营养贴士

牛蛙具有滋阴壮阳、养心安神、补气等功效。

主料： 芹菜150克，牛蛙250克

配料： 青椒75克，酱油10克，干辣椒10克，麻椒5克，姜末15克，植物油、盐各适量

操作步骤

①牛蛙洗净；芹菜、青椒清洗干净，分别切成片。

②炒锅中，倒适量植物油，烧热后放入姜末、麻椒、干辣椒炒香，放入牛蛙，大火快炒至变色将牛蛙拣出。

③净锅上火，倒少许植物油，放入芹菜、青椒翻炒，最后加入炒好的牛蛙，大火炒，加入酱油、盐调味即可。

操作要领

如果是从超市买的冻牛蛙，注意解冻时间不要太久。

营养贴士

牛蛙是一种高蛋白质、低脂肪、低胆固醇的营养食品。

视觉享受：★★★ 味觉享受：★★★★ 操作难度：★★★★

麻辣牛蛙

香酥鲫鱼

TIME 50分钟

视觉享受：★★★
味觉享受：★★★★★
操作难度：★★★

主料： 鲫鱼500克

配料： 姜汁15克，五香粉5克，料酒45克，生抽、醋各60克，白糖40克，植物油、葱末各适量

操作步骤

①将鲫鱼收拾干净，用刀将鱼肉两侧平行切几刀，用料酒、姜汁、生抽拌匀，腌渍20分钟入味，取出沥干水分。

②炒锅倒入植物油，旺火烧至七成热时，倒入鱼，炸至呈黄褐色，鱼骨酥脆，捞出沥油备用。

③原锅去油，放入醋、白糖，中火将糖烧化，放入适量葱末。

④倒入炸好的鱼，让鱼挂匀糖醋汁，浇上熟油盛入盘中，最后撒上五香粉即可。

操作要领

煎炸鲫鱼时火力不要过小，较大的火力可以使锅始终保持在极热的状态中，能够从始至终保持很高的油温。

营养贴士

此菜具有明目、强身健体、养肝、下奶、美容养颜、减肥瘦身的功效。